SOUVENIR DES PYRÉNÉES

AULUS-LES-BAINS

ET SES ENVIRONS

PAR

ADOLPHE D'ASSIER

Troisième Édition

ENTIÈREMENT REFONDUE

FOIX

IMPRIMERIE VEUVE POMIÈS

1884

SOUVENIR DES PYRÉNÉES

OUVRAGES DU MÊME AUTEUR

Essais de Grammaire générale, d'après la comparaison des principales langues Indo-Européennes. — *Épuisé.*

Grammaire française, d'après la Grammaire générale des langues Indo-Européennes, 2e édition, 1 petit volume, in-18, cartonné 1 25

Histoire naturelle du langage, 2 volumes in-18. — Premier volume, Physiologie du langage phonétique 2 50

Deuxième volume, Physiologie du langage graphique.. 2 50

Chaque volume se vend séparément.

Le Brésil contemporain, 1 volume, in-8e.............. 6 »

Souvenirs des Pyrénées. — Aulus-les-Bains et ses environs, 3e édition, 1 volume, in-18 .... 3 »

Un Parisien à Aulus. — Comédie en 3 actes, 1 volume in-18.. 1 »

Essai de philosophie naturelle. — L'homme, 1 volume, in-18.. 3 50

Essai de philosophie positive. — Le Ciel, 1 volume, in-18.. 2 50

Essai sur l'humanité posthume et le spiritisme, par un positiviste, 1 volume, in-18...................... 3 50

SOUVENIR DES PYRÉNÉES

AULUS-LES-BAINS

ET SES ENVIRONS

PAR

ADOLPHE D'ASSIER

Troisième Édition

ENTIÈREMENT REFONDUE

FOIX

IMPRIMERIE VEUVE POMIÈS

1884

CHAPITRE PREMIER

LES PYRÉNÉES. — LA GROTTE DU MAS-D'AZIL. LE MONT-VALLIER.

L'immense barrière de granit qui ferme au nord la Péninsule Ibérique, et garantit nos provinces méridionales des vents brûlants de l'Espagne, renferme, si j'ose dire, un monde aussi ignoré du reste de la France que les forêts vierges du Brésil ou de la Guyane. Deux peuplades, reléguées aux extrémités de la chaine, ont seules jusqu'ici fixé l'attention : à l'ouest, le Basque, c'est-à-dire le dernier représentant de cette vieille race Euskarienne qui peupla la première les bords de l'Océan Cantabrique ; à l'est, une population presque Espagnole, le Catalan. Les hautes vallées qui descendent des cimes centrales ne sont guère connues, du moins pour la plupart, que des troupeaux d'isards et des contrebandiers.

C'est là cependant qu'abrité par ces escarpements du courant des invasions, s'est conservé dans toute la rudesse de sa physionomie primitive l'Ibère des anciens âges, l'Ibère tel que l'ont vu César, Diodore et Strabon. C'est là aussi que les effondrements de la crète, entrecoupés de glaciers, de lacs et de cascades, présentent les sites les plus sauvages et les plus grandioses des Pyrénées. Aujourd'hui que la vapeur nous dépose au pied de la montagne, essayons de gravir ces retraites : peut-être en courant aux glaciers, ou en cherchant l'Ibère des premiers temps historiques, trouverons-nous aussi quelques riches mines de fer ou de plomb argentifère, ou mieux encore une de ces sources merveilleuses qui sont le propre des pays tourmentés par les forces géologiques.

La plus inconnue de ces terres vierges, et en même temps la plus riche en moissons de toute sorte, est perdue dans les hautes gorges que forment les contre-forts du Mont-Vallier.

Le Mont-Vallier, un des pivots de la chaîne pyrénéenne, se trouve comme placé en sentinelle sur la route la plus directe de Toulouse en Espagne. Le voyageur qui suit cette direction voit d'abord, des plaines du Languedoc, sa tête neigeuse se détachant à l'horizon au-dessus des dentelures de la crête ; bientôt de légères ondulations se montrent à la surface du sol ; aux approches du Mas-d'Azil (1), ces rides, devenues des collines, laissent voir deux puissantes cou-

(1) *Mas-d'Azil*, traduction littérale, *ferme du refuge*. Ce nom provient, suivant toute probabilité, de l'asile que vinrent y chercher les religieux qui fondèrent l'abbaye de même nom.

ches de calcaire qui marchent parallèlement dans la direction de l'ouest ; au fond, coule une petite rivière dont le cours paisible ne fait guère soupçonner que quelques lieues plus haut elle présente les allures tumultueuses d'un gave. La gorge, un moment élargie pour faire place au bourg, se resserre de nouveau, tandis que les murailles de rochers se dressent à pic : bientôt les deux masses se réunissent et barrent le chemin ; tout-à-coup, à un détour de la route, la montagne s'ouvre en un gouffre immense d'où s'échappe la rivière. C'est ce maigre filet d'eau qui, au dire de certains géologues, accumulé en lac de l'autre côté de la colline, mina sourdement la roche pendant des siècles, et entraînant un jour la base, du poids de son volume, s'ouvrit ainsi passage (1).

Ce tunnel, long de près de 500 mètres, subjugue l'esprit par la hardiesse des voûtes qui s'élèvent et s'élargissent dans des proportions gigantesques à mesure qu'on s'avance vers l'autre issue. L'eau miroite par intervalles et fait entendre à travers son lit de roches comme un gron-

(1) Nous ne croyons pas devoir adopter cette manière de voir ; la netteté des voûtes et l'existence des grottes latérales semblent indiquer, au contraire, que la galerie principale existait avant l'arrivée des eaux, et que celles-ci n'ont eu qu'à déblayer le sol ; en outre, dans l'hypothèse d'un *diluvium*, on ne s'explique guère pourquoi le pilier qui soutient la voûte n'a pas été emporté.

dement sourd : on dirait des gémissements lugubres s'échappant des entrailles de la caverne. Un énorme pilier, qu'on croirait taillé de la main d'un Titan pour soutenir le poids de la montagne, se dresse non loin de l'entrée obscure et forme deux arcades dont les vagues contours se dessinent dans la demi-clarté de l'intérieur.

La lumière ainsi divisée se mêle en quelque sorte aux grandes ombres de la voûte, et tantôt absorbée, tantôt réfléchie par les diverses parties de l'édifice, produit un effet grandiose et fantastique. Des enfoncements sombres sur le bord du chemin indiquent autant de grottes latérales; ces cavités ont eu des destinées singulières. Aux premiers âges du monde elles servirent d'habitation aux races pyrénéennes, comme le témoignent les silex travaillés qui gisent pêle-mêle avec les têtes d'ours des cavernes et les bois de rennes. Il y a trois siècles, les Réformés y cherchèrent un refuge, et la tradition veut qu'ils y aient soutenu un siège contre les Catholiques; des restes de murs, qu'on voit encore dans l'intérieur, témoignent en effet de quelque résolution désespérée. Plus tard on y détroussait les voyageurs; maints cadavres sont tombés à l'ombre du pilier. Aujourd'hui, les ingénieurs ont utilisé la galerie principale pour construire la route, abandonnant les grottes latérales à des myriades de chauves-souris, dont une odeur forte révèle la présence, et qui, suspendues en grappes aux parois du roc, semblent autant de stalactites enfumées.

Cette voûte, jetée par la main de la nature, comme pour inaugurer solennellement l'entrée de l'immense chaîne, peut être citée comme une des merveilles des Pyrénées.

A quelque distance de là, à Saint-Girons, où aboutissent les hautes vallées du Couserans, tout annonce qu'on va entrer au cœur même de la montagne. La physionomie des habitants s'accentue ; les croupes verdoyantes des monts se montrent à l'horizon, le chemin s'enfonce dans les gorges ; la rivière prend peu à peu les allures du gave ; les hêtres, les sapins s'étagent jusqu'à la crête de granit ; celle-ci se profile au loin et a grandit de plus en plus ses formes monstrueuses ; bientôt apparaît le géant de cette partie de la chaîne, le Mont-Vallier : deux déchirures immenses, marquées par deux ombres gigantesques, semblent ajouter à la majesté du colosse. Les villages qui s'étendent aux pieds de ses contre-forts sont peu riches, peu connus, et pour la plupart peu digne de l'être.

Mais un d'eux, Aulus, à l'extrême limite orientale du Couserans, a déjà sa place marquée au Panthéon des célébrités thermales, et pourrait bien un jour, grâce aux propriétés merveilleuses de ses sources, autant qu'à la beauté incomparable de son paysage, enlever à Bigorre et à Luchon le sceptre que ces deux villes se disputent aujourd'hui.

Essayons d'esquisser ce vallon hier encore inconnu, et demain le plus célèbre peut-être des Pyrénées.

CHAPITRE II.

AULUS AU Ier SIÈCLE DE NOTRE ÈRE. — BUVETTE GALLO-ROMAINE RETROUVÉE EN 1845. — SA DISPARITION A LA SUITE DES INVASIONS GERMANIQUES DU Ve SIÈCLE. — PHYSIONOMIE DU VILLAGE ET DES HABITANTS LORS DE LA DÉCOUVERTE DES SOURCES.

Aulus (1) est un petit vallon du haut Couserans à 762 mètres d'altitude et à 33 kilomètres de Saint-Girons. Le gave qui le traverse dans toute sa longueur, et la ceinture verdoyante de collines dont il est entouré lui donnent un aspect des plus riants. Jusqu'au XIe siècle, le village ne comprenait que quelques huttes celtiques et quelques granges. La plupart des habitants occupés au travail des mines se tenaient à Castel-Minier, hameau situé à une petite lieue en amont, depuis longtemps détruit, et sur lequel j'aurai occasion de revenir. On ne voyait à Aulus que la partie de la population adonnée comme aujourd'hui à la vie pastorale ou agricole.

Le dépôt ocreux que les sources minérales

(1) Dans le dialecte du Couserans, Aulus qu'on prononce *Aoulus* signifie littéralement *haut village*, car le mot *Lus* ou *Luz* se retrouve avec la signification de *hameau* dans d'autres localités du midi de la France.

laissent sur leur parcours ne pouvait manquer
d'éveiller l'attention des Gallo-Romains qui tra-
versaient le vallon, car Aulus a été de tout temps
un lieu de passage, du moins pendant la belle
saison. C'est en effet la seule route par laquelle
pût s'écouler le plomb argentifère qu'on retirait
de Castel-Minier. Cette exploitation avait com-
mencé, suivant toute probabilité, avant l'occupation Romaine, peut-être même dès l'époque
Phénicienne, à en juger par les innombrables
galeries dont sont percées les montagnes avoi-
sinantes. Plus loin, à quelques kilomètres en
aval, au confluent du Garbet (1) et du Salat, se
trouvait un *Vicus*, aujourd'hui Vic, dont les
ruines attestent l'ancienne importance. Plus bas
encore, sur une éminence, qui domine le Salat,
s'élevait *Auskia* (2), aujourd'hui Saint-Lizier.
Dès que les Romains furent maîtres de *Tolosa* ils
comprirent l'importance de cette position, et
l'occupèrent pour en faire la capitale du Couserans. *Auskia* commandait en effet la route de

(1) Le Garbet est la rivière qui passe à Aulus. Ce mot paraît
être la forme primitive des dérivés *Gaube*, *Gabe*, *Gave* (en
latin du moyen âge *Gabetus*), qui signifient : *cours d'eau*,
dans les dialectes Pyrénéens.

(2) C'est à tort qu'on écrit *Austria*. Il existe encore deux voies
Romaines conduisant à Saint-Lizier, dont les noms *e carré
d'eusk*, *era carrero d'ausko*, signifient littéralement le chemin d'*Eusk*, la route d'*aush*. C'est de cette dernière forme que
les latins firent *Auskia*.

Toulouse en Espagne, par le port de Salau, et assurait les communications des armées romaines cantonnées sur les deux versants des Pyrénées centrales. Il existait donc un courant incessant entre Castel-Minier, Aulus, *Vicus* et *Auskia*. Pendant la belle saison, ce courant s'étendait par le port de Coumebière, jusqu'à la vallée de Vicdessos et aux mines de fer du Rancié. Les médailles romaines du premier siècle de notre ère, trouvées dans les galeries, attestent que l'exploitation du Rancié remonte à une époque aussi reculée que celle de Castel-Minier ou de l'antique Aulus.

Un autre courant s'était établi entre le Rancié, Castel-Minier, Aulus et Ustou par le col de Latrape. Le pont de construction romaine qu'on voit encore à Ustou indique que ce village existait au temps des conquérants des Gaules.

Si les sources minérales d'Aulus, situées sur la rive gauche du Garbet, étaient passées inaperçues des Gallo-Romains qui se rendaient de *Vicus* ou d'*Auskia* à Castel-Minier, en suivant la rive droite du gave, elles ne pouvaient échapper à ceux qui venaient d'Ustou. En effet, l'unique sentier qui conduit du vallon d'Aulus à la vallée d'Ustou, par le col de Latrape, passe à quelques mètres des sources et coupe les traînées rougeâtres qui révèlent leur présence. Ces dépôts ocreux devaient tôt ou tard attirer l'attention des passants, surtout de ceux qui avaient quelque expérience des sources thermales, et leur rappeler qu'ils avaient devant eux une eau fortement minéralisée. De fait, une buvette existait dès les premiers siècles de notre ère sur l'emplacement même où s'élève aujourd'hui la fontaine Darmagnac. C'était un plancher de forme carrée qu'on avait établi avec d'épais madriers de chêne, joints par de fortes chevilles de fer. Au centre se trouvait une ouverture circulaire percée dans l'axe du griffon. C'est par cette ouverture qu'on puisait l'eau. Une balustrade également en bois de chêne entourait le plancher. Il est probable que cette construction était abritée par un toit de chaume ou d'ardoises soutenues par des colonnes fixées aux quatre angles du carré. Cette buvette fut un jour abandonnée et finit par être ensevelie sous les éboulis de la colline où on la retrouva en 1845. Dans quelles circonstances se produisit cet événement, et à quelle époque doit-on le faire remonter ? Tout porte à croire que la buvette construite aux premiers temps de la période Gallo-Romaine, comme le témoignent les médailles trouvées dans ces débris, ne survécut pas à la domination des conquérants des Gaules, et qu'elle disparut dans les bouleversements qui marquèrent l'invasion Germanique du V⁰ siècle. Les lampes et les outils des mineurs qu'on retrouve de nos jours dans d'anciennes galeries bouchées avec de larges dalles, ou fermées par un mur recouvert d'argile, rappellent qu'à cette époque, les populations Pyrénéennes forcées de déserter le pays, sous le coup d'une grande catastrophe, avaient soigneusement caché leurs instruments de travail et l'entrée des mines qu'ils exploitaient, comptant bien les retrouver quand le calme aurait reparu dans leurs vallées. Leur espoir fut déçu, car les invasions commencées par les hordes Teutoniques ne prirent fin qu'avec l'expulsion des Sarrazins. Aulus subit la loi commune. La clientèle qui fréquentait ses eaux thermales ne se montrant plus, la buvette abandonnée à elle-même ne tarda pas à disparaître sous les alluvions que les avalanches du printemps et les pluies d'orage accumulent chaque année au bas de la colline où elle s'élevait. Le souvenir s'en était perdu depuis des siècles dans la mémoire des Aulusiens, lorsqu'en 1845, les ouvriers employés au premier captage de la source Darmagnac retrouvèrent, à deux ou trois mètres de profondeur, le plancher en madriers de chêne dont je viens de parler. Quand les diverses pièces eurent été enlevées, on recueillit, au-dessous de l'ouverture circulaire qui occupait le centre du plancher, plusieurs débris

de verres et de poteries. Personne ne prêta aucune attention à ces trouvailles, et elles seraient
probablement passées inaperçues si le hasard
ne m'avait fait connaître, quelques années plus
tard, un des ouvriers occupés à ce travail. Aulus
avait eu donc ses thermes à une époque reculée ;
restait à déterminer cette date. Le second captage, exécuté dans les derniers mois de 1872, donna le mot de l'énigme. On déblaya à quatre ou
cinq mètres de profondeur, toujours dans le pé-
rimètre de la source Darmagnac, un débris de
verre, un autre de poterie et un morceau de bois
de chêne travaillé qui paraissait appartenir à
une rampe ou à une balustrade. Me trouvant
alors à Aulus, je me rappelais la découverte de
1845, et je priais M. Basile Souquet, qui surveil-
lait les travaux de captage, de recueillir soigneusement tous les objets qui pourraient se rencontrer sous la pioche des ouvriers. Peut-être,
pensai-je en moi-même, serons-nous assez
heureux pour trouver quelques médailles. Mes
espérances ne furent pas trompées. Dans le courant de décembre, on exhuma un sou romain à
l'effigie de Néron. Quelques jours après, on en
retira un second, puis un troisième, le premier
aux initiales de Claude, le second à celles
de Titus. Ces trois médailles sont aujourd'hui
chez M. Barthet, notaire à Saint-Girons, alors

propriétaire des thermes d'Aulus. Elles attestent, d'une manière irrécusable, que la buvette retrouvée en 1845, sous les éboulis de la colline, datait de l'époque Gallo-Romaine, et remontait au premier siècle de notre ère.

Arrivons à 1822, année mémorable dans les fastes aulusiens par la découverte de la source Darmagnac. Mais, avant de raconter cet événement et les conséquences qui en furent la suite, esquissons à grands traits la physionomie que le vallon et les habitants présentaient à cette époque.

Un sentier assez étroit conduisait au village qui commençait à l'endroit où s'élève aujourd'hui l'hôtel de *l'Europe*. Cet hôtel n'était alors qu'une pauvre chaumière. A l'exception de quelques jardins qui touchaient aux habitations, le reste du vallon formait une immense nappe verdoyante entrecoupée de champs de maïs, de prairies et de marécages ; çà et là quelques granges recouvertes de chaume. Les maisons du village n'avaient pas d'autres toitures. C'était la hutte celtique dans sa simplicité primitive, car on ne voyait aucune trace de cheminée, et la fumée s'échappait par la porte du logis ou par les fissures du grenier. Un seul pont reliait les deux rives du gave. C'était une passerelle en bois, située sur l'emplacement du pont en fer construit en 1883. Entre cette passerelle et la croix qu'on voit sur le bord de la route s'élevait un orme gigantesque.

A une époque que je ne saurais préciser, mais qui paraît remonter à la fin du dernier siècle, les deux roues du moulin tombant de vétusté, on dut songer à les remplacer. Les arbres ne manquaient pas sur la montagne. Mais, soit qu'on reculât devant la difficulté du transport, soit qu'on donnât la préférence au bois d'orme comme moins susceptible de s'altérer dans l'eau, on se décida à couper les deux plus grosses branches de l'arbre monumental, au grand déplaisir des habitants qui voyaient dans cette mutilation une sorte de sacrilège et concevaient des craintes sur les suites de ce vandalisme ; leurs appréhensions n'étaient que trop fondées. L'orme, plusieurs fois séculaire, ainsi que le témoignaient les énormes dimensions du tronc, n'eût plus assez de vitalité pour résister à l'amputation qu'il venait de subir, la carie se déclara dans l'intérieur, et, au bout de quelques années, il fut entièrement creux. En même temps, l'écorce se fendit du côté exposé au midi, et l'ouverture devint si large et si haute qu'on eût dit une porte. Les gens surpris par la pluie venaient s'y réfugier comme dans une cabane. Une dizaine de personnes pouvaient s'y abriter. En 1822, les soldats du détachement, cantonnés dans le village, en firent leur corps de garde. Ce dernier monument de l'ancien Aulus existait encore vers 1847, peut-être même en 1848. Un violent coup de vent le renversa. Ce fut un jour de deuil pour les habitants, et on vit des vieillards verser des larmes.

L'église qui domine le village, et dont les épaisses murailles ont plusieurs fois arrêté les avalanches du Caïzardé (1), fut bâtie en 1775, d'après une inscription qu'on lisait encore, il y a quelques années, sur la façade nord de l'édifice. C'est une modeste église de campagne qui n'a d'autre caractère que sa simplicité. La voûte n'est pas sans une certaine élégance, et sa construction se rattache à une anecdote que je vais raconter, comme trait de mœurs de l'époque. Le desservant de la paroisse était alors l'abbé Marrot. On avait aux environs, dans la gorge de Fouillet, une sorte de pierre ponce assez légère pour servir à la voûte. Mais l'architecte hésitait devant les difficultés et les frais de transport. On ne pouvait, en effet, se rendre à la carrière que par des sentiers de chevriers. Soyez sans peine, lui dit l'abbé Marrot, je me

(1) *Caïzardé*, contraction de *Car-Izardé*, littéralement *montagne des Izards*. Cette montagne étant exposée au midi, est souvent le refuge des Izards pendant l'hiver.

fais fort de vous mettre sous la main vos matériaux de construction. Sachant qu'il pouvait
compter sur ses ouailles, le digne pasteur les
amenait chaque dimanche en procession à
l'endroit où se trouvait la pierre. Après une
halte et une allocution pieuse, rappelant les
bénédictions réservées aux fidèles qui contri-
bueraient à l'érection du saint édifice, chacun
s'empressait de rapporter un bloc proportionné
à ses forces, de sorte que l'église pût s'achever
sans retard.

Ces mœurs patriarcales n'avaient rien perdu
de leur force sous la Restauration, tant il était
difficile au souffle de 89 d'atteindre ces populations primitives, perdues dans les hautes gorges
des Pyrénées. Le presbytère recevait toujours
la dîme, par coutume traditionnelle dont on
n'avait garde de s'affranchir. Ce n'était pas un
impôt qu'on payait, mais une prime d'assurance
qu'on donnait volontiers pour avoir droit aux
faveurs célestes. Une ménagère voulait-elle éloigner de la couvée de poussins qui venaient de
naître la maladie, le mauvais œil, la dent du
renard, elle mettait de côté ses deux plus gros
poulets pour les offrir au curé. Même précaution
quand on cueillait les fruits de la terre. On les
plaçait sous la protection du ciel en réservant
les plus beaux pour l'homme de Dieu. Ceux qui

n'avaient pas de récolte portaient un fromage ;
d'autres un chevreau. Le grenier à foin du presbytère était toujours plein , chaque habitant du
village se faisant un devoir de l'alimenter. Le
curé était tenu de mener paître son cheval, à
tour de rôle, dans le pré de chacun de ses pa-
roissiens, sous peine de faire des jaloux. Son
autorité morale était sans bornes. Il s'attribuait
la police des mœurs et s'acquittait avec succès
de cette ingrate fonction. Comme il ne pouvait
être question de réverbères à cette époque, le
digne pasteur allumait chaque soir, à l'heure du
couvre-feu, une petite lanterne sourde, et faisait
la tournée du village. Si une jeune fille se trouvait à causer sur la porte, avec des jeunes gens,
elle n'avait garde de laisser approcher la lanterne inquisitoriale , et rentrait aussitôt chez
elle, tandis que les jeunes gens se retiraient de
leur côté. Parfois, la jeune fille, surprise à l'im-
proviste, en revenant de la veillée, et n'ayant
pas le temps de gagner sa demeure, rebroussait
chemin pour ne pas être reconnue et allait se
cacher dans une grange ou à travers champs.
Le curé pressait le pas, désireux de savoir à qui
il avait affaire ; mais, le plus souvent, sa poursuite était inutile, et, comme il voulait avoir le
dernier mot, le dimanche suivant il annonçait
en chaire sa mésaventure et adjurait les mères

de famille de ne pas laisser aller leurs filles seules à la veillée.

L'administration municipale était confiée au *Cossou* (consul), qui exerçait en outre le pouvoir judiciaire. Il prononçait trois sortes de peines : le carcan, la prison et l'amende. Le clocher servait de lieu de détention. On voit encore le réduit où l'on renfermait les prisonniers. L'amende était réservée aux infractions légères. L'anecdote suivante donnera un échantillon de la manière dont procédait le *Cossou*.

Le grand-père de *Jean de Massat* étant allé à Saint-Girons pour affaires repartit vers le milieu de la nuit. Comme le jour commençait à poindre, il passa devant le château du seigneur d'Ercé, transformé aujourd'hui en hospice. Voyant portes et fenêtres fermées il continua son chemin sans saluer la demeure du suzerain de la vallée. A peine était-il rentré à Aulus, qu'il fut appelé à comparaître devant le *Cossou*. Eh bien! lui dit ce dernier, pour un homme comme toi, c'est du propre. Aussitôt il lui donna lecture d'une lettre que venait de lui remettre un courrier, de la part du seigneur d'Ercé. On lui reprochait d'être passé devant le château à la pointe du jour, sans avoir ôté son béret. Le seigneur d'Ercé enjoignait au *Cossou* de demander à ce malappris des explications sur une conduite si irrévérencieuse, et de lui infliger telle peine qu'il jugerait convenable.

Qu'as-tu à dire pour ta justification, ajouta le *Cossou*, en terminant sa lecture. Je n'aurais jamais cru qu'un homme qui a du savoir-vivre pût se laisser aller à un oubli aussi grave.

C'est vrai, je suis passé devant le château sans saluer. Mais c'est à peine si le jour commençait, et tout était fermé, portes et fenêtres.

Il ne s'agit pas de savoir s'il faisait jour. Tu devais te rappeler qu'un homme, qui connaît ses devoirs, ne passe jamais devant le château du seigneur, sans ôter son béret. Cependant, je veux bien prendre en considération ton excuse, et je ne te condamne qu'à une simple amende ; tu vas payer quatre livres d'huile pour la lampe de l'église.

Notre homme de s'exécuter aussitôt, heureux d'en être quitte si bon marché.

La peine du carcan m'amène à parler de la *pierre de la justice*. Il y a quelques années, on voyait encore dans un coin de la *placetto* (petite place), sur le chemin de l'église, devant la maison habitée aujourd'hui par *le Bascou*, et à quelques pas de sa porte, une grosse pierre de granit de un mètre cinquante centimètres environ de hauteur, de trois mètres de circonférence à la base et profondément enfoncée dans le sol. C'é-

tait un bloc ératique déposé là par les anciens
glaciers , comme tant d'autres qu'on aperçoit
aux encoignures de plusieurs maisons du village.
Vers le milieu se trouvait un trou circulaire au
fond duquel on apercevait un morceau de fer
brisé. C'était l'extrémité de la chaîne qu'on y
avait autrefois encastrée et qui portait à l'autre
bout un collier de même métal. Les enfants
s'amusaient à grimper dessus et l'appelaient *é
roc dera justiço* (la pierre de la justice), sans
attacher autrement d'importance à cette dénomination qu'ils ne comprenaient pas. Mais les
vieillards savaient que ce nom était justifié par
la destination affectée autrefois au bloc de granit. Quand le *Cossou* avait prononcé la peine du
carcan contre un malfaiteur, on conduisait d'a-
bord ce dernier en prison, située comme je l'ai
dit dans un angle du clocher. Le sonneur de
cloches servait naturellement de geôlier. Le
samedi qui suivait l'arrestation, le tambour de
ville annonçait à haute voix dans les rues du
village que le lendemain dimanche un tel, dont
il citait le nom, serait exposé publiquement, le
carcan au cou, depuis la première messe jusqu'à
la sortie des vêpres. Le patient se voyait ainsi
exposé aux regards de tous les passants qui se
rendaient aux offices. Cet usage existe encore
dans quelques villages de la Cerdagne espagnole,.

et on voit le carcan fixé à l'un des pilastres de la porte de l'église. Profitant des troubles de 1790, les mauvais sujets du village qui avaient eu maille à partir avec la pierre de la justice brisèrent la chaîne. Vers 1869, *le Bascou* réparant sa demeure profita de l'occasion pour se débarrasser de cette pierre qui le gênait. Un coup de mine la brisa en fragments. Le plus gros offrant une face plane il le plaça dans sa cheminée où il sert encore de plaque, et enterra les autres.

On ne connaissait guère d'amusements chez cette population frugale, tout entière aux travaux et aux fatigues de la vie pastorale. La seule distraction que se permissent les hommes était d'aller boire chopine le dimanche. Pendant la belle saison, la cloche du village se mettait en branle dans l'après-dîner du samedi, afin de rappeler aux pâtres cantonnés sur les montagnes que le lendemain était jour de repos. Quelques-uns restaient à la garde des troupeaux et le plus grand nombre rentraient le soir dans leurs habitations. Le dimanche matin ils entendaient la messe, et vers midi se rendaient au cabaret. Leurs préférences étaient pour le vin du Roussillon, bien qu'il coûtât deux sols de plus que celui du Languedoc. Ils emportaient un morceau de saucisson ou de fromage, et se faisaient donner du pain blanc par l'aubergiste. Ce menu était un régal exquis pour des gens qui ne vivaient que de pain de seigle ou de maïs, de pommes de terre et de laitage. Quand le calendrier républicain eut supprimé le dimanche et institué le *decadi*, ce fut un grand émoi parmi les populations pyrénéennes, surtout parmi les ouvriers et les habitants de la campagne. Ils prenaient à la rigueur leur parti de la fermeture des églises, mais nullement de celle des cabarets. Les estomacs trouvaient un peu long le retour du *decadi* et réclamaient énergiquement la chopine dominicale. Cet usage se continue encore de nos jours , mais il n'en est plus de même d'un autre qui a disparu depuis quelques années, et que je regrette, car il ne manquait pas d'une certaine couleur locale.

Dans l'après-midi du mardi gras tout le village était en rumeur. Les jeunes gens allaient de maison en maison se plaignant qu'il leur était impossible de vivre plus longtemps à Aulus, et qu'ils étaient décidés à quitter le pays, pour chercher une autre patrie plus hospitalière. Nous mourons de faim, disaient-ils, dans ce maudit village, sans ressources et sans travail, et pour comble d'infortune, les jeunes filles, au lieu de nous retenir par leur gentillesse, semblent faire fi de nous. Nous ne voulons plus d'une terre si ingrate et de femmes si dédaigneuses. Cela dit, ils chargeaient sur leurs épaules les instruments de travail, prenaient le bâton de voyage et se disposaient à partir. L'un portait sa faux, l'autre sa hache de charpentier ou son rabot, quelques-uns avaient une bêche, d'autres le vase de bois où l'on tient le lait. Ces préparatifs terminés, ils prenaient la route de Saint-Girons en disant adieu à ceux qu'ils rencontraient, et continuant leurs imprécations contre le sort qui les forçait à déserter la terre natale. On se préoccupait peu de leurs lamentations et de leurs menaces de départ, tant qu'ils n'avaient pas quitté le village. Mais dès qu'on les voyait se diriger du côté de la *Bouche* quelques vieilles matrones, en tête desquelles figuraient *ma Bouno*, sur laquelle j'aurai bientôt à revenir, se sentaient prises de compassion pour ces pauvres jeunes gens, et couraient en toute hâte au village frapper aux portes des maisons où se trouvaient des jeunes filles. Elles les gourmandaient sur le peu de cas qu'elles faisaient de leurs amoureux, leur demandant si elles auraient le courage de les laisser quitter le pays.

Il ne vous reste plus, ajoutaient-elles, qu'un moyen de rappeler ces pauvres enfants. C'est de courir après eux, de leur demander pardon, et vous engager par serment à faire tout ce qu'ils exigeront.

De tels arguments ne pouvaient manquer de produire leur effet sur l'esprit des jeunes filles. Nous ne demandons pas mieux, répondaient-elles, que de rappeler ces braves garçons, d'être plus attentionnées à leur égard et de souscrire aux conditions qu'ils nous imposeront. Partons de suite, pour les rattraper, s'il en est temps encore. Là-dessus elles quittaient leurs demeures, sous la conduite des matrones, pour se mettre à la poursuite des fuyards. Comme elles marchaient en toute hâte, tandis que ceux-ci, s'éloignant à regret, allaient d'un pas mal assuré, elles ne tardaient pas à les rejoindre. La rencontre se faisait d'ordinaire avant qu'ils fussent sortis du vallon. Eh bien ! s'écriaient-elles de leur ton le plus suppliant, c'en est donc fait, vous nous abandonnez. Qui vous a poussés à une résolution si inattendue ?

— Nous avons résolu de quitter le pays, d'abord pour nous venger de l'indifférence que vous montrez à notre égard et de votre peu d'amabilité ; ensuite, parce que manquant de travail nous ne pouvons plus vivre au village.

— Nous ne voulons pas que vous nous quittiez. Si nous avons des torts envers vous, nous sommes disposées à les réparer et à cesser nos rigueurs. Que devons-nous faire pour vous retenir ? Nous sommes prêtes à tous les sacrifices que vous nous imposerez. Parlez, qu'exigez-vous de nous ?

— Nous ne consentirons à rentrer au village qu'à deux conditions : avant tout, vous nous promettrez de vous montrer désormais plus empressées et moins revêches, puis, vous vous engagerez à nous payer aujourd'hui même une rançon.

— Fixez vous-mêmes cette rançon. Elle vous sera comptée sur l'heure.

Aussitôt les jeunes gens se consultaient quelques instants pour déterminer la nature et la quotité du tribut. Il ne s'agissait de rien moins que d'une cinquantaine de fromages, d'autant de jambons, d'une centaine de tranches de lard, de deux cents saucissons et d'un millier d'œufs. Ces conditions réglées et acceptées, on reprenait la route d'Aulus.

Nous allons prendre les devants, disaient les jeunes filles, afin de nous mettre en mesure de tenir nos engagements. Dès que vous serez au village, venez frapper à nos portes, nous vous remettrons chacune notre quote-part.

Les choses se passaient ainsi qu'il avait été stipulé. Les jeunes gens entraient dans les maisons où se trouvaient des jeunes filles, et

toutes offraient une partie de leurs provisions.
C'était, tantôt la moitié d'un saucisson, tantôt
un morceau de fromage ou une tranche de lard,
d'autres fois une demi-douzaine ou une douzaine
d'œufs. La tournée faite, on portait ce butin dans
une des deux auberges du village. L'aubergiste,
après l'avoir passé en revue et compté le nombre
de bouches qu'il devait désaffamer, mettait de
côté une partie des provisions. Cette réserve
représentait la valeur du pain et du vin qu'il
fallait fournir; le reste était servi aux jeunes
gens qui s'atablaient aussitôt et ne sortaient du
cabaret que lorsqu'il ne restait plus trace de la
rançon payée par les jeunes filles.

Les montagnes des environs étant alors
infestées de fauves, ours, loups, renards, chats
sauvages, etc., chaque capture d'un de ces
animaux devenait une occasion de réjouissance.
Si la bête était prise vivante, l'allégresse se
changeait en fête, puis en ripaille. Une après-
midi, un renard flairant une poule dans le
sous-sol d'une habitation, située au haut du
village, s'y introduisit par le soupirail. Le
volatile effrayé se blottit sous des tronçons de
bois, en poussant des cris de détresse. La maîtresse du logis arrive pour connaître la cause
du vacarme. A sa vue, le renard veut s'enfuir
et s'élance vers le soupirail. Mais cette ouver-

ture se trouvant trop élevée, l'animal retombe à terre, malgré ses bonds désespérés. Notre ménagère de refermer aussitôt la porte et d'attendre que ses gens rentrent de la montagne. Le soir venu, les hommes délibèrent sur le meilleur parti à prendre et vont demander l'avis de *Froumajou*, le chasseur de renards. Des peaux de fauves, principalement de renard, dont il faisait sa nourriture, qu'on voyait presque toujours accrochées à la fenêtre de sa demeure, disaient assez qu'il méritait pleinement ce surnom. *Froumajou* arrive, fait l'inspection des lieux et commence par fixer solidement l'ouverture d'un sac à l'issue extérieure du soupirail. Puis il entre dans le sous-sol et, après avoir refermé la porte sur lui, il dresse une pile de bois au bas du soupirail. Le renard blotti dans un coin suivait de l'œil tous les mouvements de *Froumajou*, ne se doutant en aucune façon du piége qu'on lui tendait. Dès que ce dernier fut parti, l'animal s'élance vers la pile de bois et, d'un second bond, atteint le soupirail et s'emprisonne dans le sac. Une capture si bien réussie était naturellement une occasion de réjouissance. Mais comme il faisait déjà nuit, on remit la fête au lendemain. Le jour suivant, *Froumajou* et son état-major, suivis de tous les désœuvrés du village, parcoururent les rues, allant de porte en porte, afin que chacun pût contempler à l'aise *era mandro* (le renard). Les uns remorquaient l'animal solidement attaché et muselé, d'autres traînaient un cha.reton à bras d'abord vide, mais qui ne tarda pas à se remplir de comestibles de toute sorte : tranches de jambon, de lard, galettes, œufs, etc. L'exhibition répondait si bien au tempérament des Aulusiens que chacun s'empressait de témoigner son allégresse en offrant un présent approprié à la circonstance. Inutile d'ajouter que le reste de la journée se passa au cabaret à faire ripaille.

La capture d'un ours provoquait des démonstrations de joie, non moins expressives et non moins fructueuses pour l'aubergiste. Celle qui eut lieu vers l'époque où le lieutenant Darmagnac découvrit les sources, c'est-à-dire vers 1822, a laissé un souvenir qui est encore vivant dans la mémoire des villageois. En voici le récit d'après un des héros de la fête, *Jean de Massat.*

On venait de couper le maïs, et on l'avait laissé sur place, rassemblé en petits tas, où il devait achever de mûrir avant d'être enfermé. Un matin, au point du jour, un villageois se rendant à sa grange, située derrière l'église, s'aperçoit que ces tas de maïs ont été saccagés et dispersés. Comme il était tombé une légère couche de neige, il lui fut aisé de reconnaître,

aux larges traces imprimées sur le sol, que
l'auteur du délit était un ours de dimensions
respectables.

L'alarme ayant été aussitôt donnée, tous les
jeunes gens du village, qui avaient une arque-
buse à leur disposition, se mirent à la poursuite, sous la conduite du *Poubilh*, surnommé
le chasseur d'ours, et de *Froumajou. Jean de
Massat* faisait partie de cette petite troupe. Ils
crurent d'abord que l'ours s'était retiré vers les
hauteurs de Coumebière, car sa piste suivait
cette ligne. Mais arrivés en face du gave d'Ars
il changea brusquement de direction, traversa
le pont de bois jeté sur le Garbé, et entra dans
la gorge qui conduit à la grande cascade.

On le suivit ainsi jusqu'aux Artigous, c'est-à-
dire jusqu'aux pâturages qui avoisinent cette
magnifique chute d'eau. A ce moment la piste
changea encore de direction, et il fallut gravir
la montagne. *Le Poubilh* qui conduisait l'expédition s'aperçut tout à coup que les traces faisaient défaut. Il se trouvait au pied d'un énorme
sapin. Je parie, dit-il à ses compagnons, que le
drôle est monté sur l'arbre. Il lève la tête et
distingue une énorme masse brune à travers
les branches. Bientôt une décharge de mousqueterie se fait entendre. Mais les vieilles arquebuses du village produisaient peu d'effet sur

un derme aussi épais que celui de notre plantigrade , et il en fut quitte pour quelques égratignures. Néanmoins il jugea à propos de déguerpir, et d'un bond s'élança vers une anfractuosité du rocher situé de l'autre côté du sapin, et qui était probablement sa retraite habituelle.

La chasse prit alors un nouveau caractère. Il s'agissait de faire un siège en règle et de forcer le monstre dans ses retranchements. *Le Poubilh* assigna à chacun le poste qu'il devait occuper, et aussitôt la mousqueterie recommença de plus belle. Ainsi que je l'ai déjà dit, ce feu causait plus de bruit que de mal. Cependant une balle, qui frappa le fauve au-dessus de l'œil, eut un effet sérieux. L'os de l'arcade orbitaire avait été brisé et laissait voir une affreuse blessure. Se sentant gravement atteint, et jugeant sans doute que la place n'était plus tenable, l'ours abandonna sa retraite et redescendit précipitamment la montagne, se dirigeant vers le gave. Tout en fuyant, il ramassait par intervalle un peu de neige avec une patte, et la portait à l'œil pour étancher le sang. Arrivé sur le bord du gave il alla se précipiter dans un gouffre qui est non loin de la cascade espérant sans doute échapper plus facilement aux chasseurs, ou calmer d'une manière plus efficace les douleurs que lui causait sa blessure. On le voyait, en effet, lotionner avec sa patte les chairs meurtries et saignantes qui pendaient au-dessous de l'arcade sourcillière, bien qu'il eût essuyé une quinzaine de coups de feu.

Peut-être aussi espérait-il gagner la rive opposée et se réfugier dans la forêt voisine qui lui offrait plus de facilité pour sa retraite.

Nous le tenons ! nous le tenons ! s'écrièrent à la fois ceux qui étaient à sa poursuite. Il ne s'agissait plus, en effet, que de faire une dernière décharge presque à bout portant. Lorsqu'on le vit sans mouvements, il fallut songer aux moyens de retirer du gouffre cette énorme masse qui pesait plus de 7 quintaux (ancienne mesure). On alla chercher des cordes au village, et quand on l'eut hissé à grand peine sur un traîneau improvisé, les hommes les plus vigoureux s'y attelèrent, et parvinrent ainsi à le remorquer jusqu'à Aulus. La nouvelle de la capture inespérée, qu'on venait de faire, s'était déjà répandue, et à chaque instant la troupe des chasseurs grossissait de jeunes gens du village qui venaient contempler le monstre et relever ceux qui s'étaient fatigués à le traîner. Quand on arriva au bourg, toute la population était sur pied pour pour recevoir le cortège. On s'arrêta à la maison de *Poubilh* qui s'était chargé du soin de dépecer la bête, et qui par sa longue expérience de chasseur avait l'habitude de ces sortes d'opérations.

On trouva que la dépouille avait été percée de 28 balles; mais une seule blessure, celle de l'œil était mortelle.

Restait à résoudre un dernier problème : tirer le meilleur parti possible de la capture qu'on venait d'opérer, en d'autres termes, en obtenir le maximum de rendement. On songea d'abord à utiliser le lard et la graisse, et on expédia dans ce but un exprès chez un pharmacien de Saint-Girons, qui promit d'acheter le tout à raison de 3 francs la livre le lard et 40 sous la graisse. Ces deux produits étaient à cette époque fort en vogue dans la préparation des onguents.

Pour me servir de l'expression d'un témoin oculaire, l'ours était recouvert au-dessous de la peau d'une couche de lard semblable à celle d'un cochon. Quand on l'eut enlevée, on coupa la bête par morceaux, et on fit cuire ceux-ci dans une chaudière avec un peu de sel. On avait ainsi le double avantage d'extraire la graisse et de préparer la viande. Comme les chasseurs n'avaient pas la prétention de venir à bout d'une pièce si colossale ils résolurent d'engager tous les estomacs de bonne volonté à faire ripaille avec eux, et le tambour de ville publia cette invitation dans le village.

Inutile d'ajouter que personne ne voulut laisser échapper une si bonne fortune, et que hommes, femmes et enfants répondirent à l'appel. Il n'existait pas alors de boucheries, et comme dans les campagnes les habitants ne mangeaient de la viande qu'une fois l'an, le jour de la fête locale et lorsqu'ils assistaient à une noce, chacun vint donc demander son morceau de bouilli et le trouva excellent, bien qu'il n'eût pour tout condiment qu'un peu de sel. Une circonstance inespérée vint doubler la joie et l'appétit de ces braves gens.

Au moment où on allait commencer la ripaille, c'est-à-dire le lendemain du jour où on avait fait la capture du monstre, un pâtre vint annoncer qu'il avait rencontré les traces d'un ours non loin du village, au-dessus de Saint-Vincent. Laissant aussitôt la direction de la marmite à sa femme, *le Poubilh* saisit son fusil et se rend, escorté de sa petite troupe de la veille, vers l'endroit indiqué. Après avoir choisi son poste, il ordonne à ses hommes de rabattre l'animal sur lui. Ceux-ci suivent ponctuellement ses instructions. Bientôt l'ours arrive en face de *Poubilh*, et suivant l'instinct de sa race se dresse sur ses pattes de derrière pour aller droit au chasseur. Au même moment, celui-ci l'étend raide mort.

La nouvelle capture était loin d'offrir les dimensions de celle de la veille. C'était un ours encore jeune, dont la prise n'était pas à dédaigner. Inutile d'ajouter qu'il passa à son tour dans la chaudière où il vint remplacer les morceaux déjà cuits et enlevés. Ce festin pantagruélique dura plusieurs jours.

De mémoire d'homme on ne s'était vu à pareille fête. Ceux qui y participèrent en parlent encore dans les veillées, bien que cette anecdote remonte à une soixantaine d'années, et la citent comme un fait mémorable de leur jeunesse. Tous assurent que l'ours était excellent et que son goût se rapprochait de celui du mouton. La vente des peaux rapporta cent vingt francs. Le pharmacien de Saint-Girons avait payé cent soixante-deux francs le lard et la graisse. Cet argent fut naturellement partagé entre les chasseurs, ou pour parler plus exactement servit à couvrir les menus frais de la fête : vin, pain blanc, etc.

CHAPITRE III.

DÉCOUVERTE DES SOURCES. — MA BOUNO. — LE LIEUTENANT DARMAGNAC. — M. DE LA RHOEL-LERIE. — LE DOCTEUR BORDES-PAGÉS. — CONSTRUCTION DES BUVETTES, DES THERMES, DES HÔTELS, DU CASINO.

A la fin du siècle dernier ou au commencement de celui-ci, un nommé Lacrampe, originaire de Lourdes, vint se fixer à Aulus où sa famille réside encore. Il avait servi dans les armées du roi, en qualité d'infirmier, fait la campagne d'Amérique, et acquis, soit dans ses voyages, soit dans ses fonctions de *frater*, quelques connaissances médicales. Dès qu'il vit le dépôt ocreux des sources situées sur la rive gauche du Garbet, il reconnut une eau minérale, l'essaya sur lui-même, et s'assura qu'elle possédait à un très haut degré des propriétés laxatives, diurétiques et dépuratives. Dans les premiers temps, il la conseilla aux malades qui venaient le consulter, car il était devenu naturellement le médecin du village. Mais il ne put décider personne à y goûter. La couleur rougeâtre de cette eau et les hôtes qui la fréquentaient, crapauds, grenouilles, salamandres, etc.,

la faisaient considérer comme malsaine, de sorte
que les bergers n'osaient en laisser approcher
les troupeaux qui paissaient dans ces marécages. Cependant une femme, *Jouanno grosso* (la
grosse Jeanne), plus connue sous le nom de
ma Bouno, ayant à guérir d'une affection invétérée, suivit les conseils de Lacrampe, et parvint
à se débarrasser de son mal en avalant chaque
matin quelques verres d'eau minérale. Cette
guérison fut le prélude de la découverte des
sources. Afin d'échapper aux railleries des
voisins, *ma Bouno* cherchait à les éviter chaque
fois qu'elle allait faire sa provision d'eau minérale. A ceux qui lui reprochaient sa simplicité,
elle répondait qu'elle savait ce qu'elle faisait,
et qu'un jour les malades viendraient à Aulus
des quatre coins du monde.

Sur ces entrefaites on vit arriver au village
un détachement du 4e de ligne, commandé par
le lieutenant Darmagnac (1). Sa compagnie avait
été envoyée à Ustou et le bataillon à Auzat,
dans la vallée de Vicdessos. Des cantonnements
analogues s'établissaient en même temps sur
toute la ligne des Pyrénées. Au dire des jour-

(1) Le lieutenant Darmagnac, devenu capitaine, fit en 1827 la
campagne de Morée, et fut tué dans une reconnaissance d'avant-
garde. Sa famille était, je crois, originaire de Toulouse ou des
environs.

naux officieux de l'époque, ces troupes formaient un cordon sanitaire destiné à préserver
la France de l'invasion de la fièvre jaune qui
venait de ravager Barcelone. En réalité, on
préparait le corps expéditionnaire qui devait,
l'année suivante, franchir la frontière, et repla-
cer Ferdinand VII sur le trône d'où l'avait chassé
la révolution. Les soldats cantonnés à Aulus
avaient établi le corps de garde dans l'intérieur
de l'orme séculaire dont j'ai parlé, à quelques
pas de la passerelle qui conduisait à Ustou.
Cette route était journellement sillonnée par les
correspondances qu'échangeaient le capitaine
de la compagnie et le lieutenant Darmagnac. Ce
dernier se trouvait atteint d'une affection incu-
rable tirant son origine d'une syphilis invétérée,
et portait sur sa figure des traces non équivo-
ques du mal qui le rongeait. Le rencontrant un
jour, sur le chemin d'Ustou, au voisinage des
sources, *ma Bouno* se décida à l'aborder. Elle
lui raconta sa guérison, l'engagea à se traiter
par l'eau minérale, et le conduisit vers une
fontaine qui coulait au pied d'un aulne. C'est
sur cet emplacement que s'élève aujourd'hui
la buvette Darmagnac. Le lieutenant, voulant
mieux assurer le succès du traitement, ne se
contenta pas de boire. Il fit élargir la source par
ses soldats, afin de pouvoir se baigner, et mena

si bien bains et boisson que dans quelques semaines il fut rendu à la vie et à la santé. Cet
événement eut lieu vers le mois de septembre
de l'année 1822.

La guérison inespérée du lieutenant Darmagnac fit grand bruit parmi les officiers et les
chirurgiens du 4ᵉ de ligne. Elle fut le point de
départ de la renommée qu'ont aujourd'hui les
eaux d'Aulus. Mais un demi-siècle de tâtonne-
ments devait s'écouler avant qu'on pût atteindre ce résultat. Cette longue attente s'explique
sans peine. Nulle réclame qui fit connaître aux
malades les propriétés des sources Aulusiennes,
nulle route pour les y conduire, nul logement
à leur donner. Les deux cabarets du village ne
recevaient, en fait d'étrangers, que les charbon-
niers qui faisaient le trafic entre Vicdessos et
Ustou. C'étaient des huttes celtiques plus spa-
cieuses peut-être que les autres, mais tout aussi
primitives. La route de Saint-Girons s'arrêtait à
Ercé. Le reste du chemin était un sentier accessible seulement aux piétons et aux mulets.
D'ailleurs, la cure du lieutenant Darmagnac
n'avait produit aucun effet sur l'esprit des villageois. Leur aversion pour les sources resta
entière. Ainsi que le fait judicieusement observer le docteur Bordes-Pagés, ils ne pouvaient
comprendre que des eaux regardées jusque-là

comme malsaines eussent des vertus curatives. Le propriétaire de la fontaine qui avait opéré la guérison était le seul qui entrevit l'avenir d'Aulus. Mais manquant d'avances et ne pouvant rien faire par lui-même il alla exposer la situation à M. Degeilh, notaire à Ercé, et lui proposa de s'associer avec lui. En homme avisé, le tabellion se fit longtemps tirer l'oreille. Une seule cure, quelque miraculeuse qu'elle fût, ne suffisait pas à ses yeux pour assurer l'avenir d'une station thermale. Cependant, un paysan d'Ercé ayant obtenu par le traitement de l'eau d'Aulus une guérison qui rappelait celle du lieutenant Darmagnac, M. Degeilh prit confiance et consentit à risquer quelques capitaux. L'acte d'association avec les propriétaires de la source et des terrains avoisinants fut signé en 1829. On enferma la source dans un carré en maçonnerie, l'eau s'écoulait par une écorce d'arbre qui servait de tuyau. Telle fut la première buvette. On lui donna le nom de buvette Darmagnac, en souvenir de celui qui, le premier, l'avait mise en relief. A côté, on construisit un établissement thermal tout aussi primitif, composé de trois cabines qui contenaient sept baignoires. La parcimonie des dépenses trahissait l'hésitation de M. Degeilh, et disait assez qu'il ne comptait que médiocrement sur le succès de l'entreprise. De fait, aucun malade ne se montrait, et la buvette Darmagnac était presque aussi inconnue que son aînée la buvette gallo-romaine. L'anecdote suivante, que je tiens de la bouche d'une personne de ma connaissance, est significative à cet égard.

« Vers 1840 ou même plus tard, j'étais venue pendant la belle saison à Aulus, avec une de mes amies, pour boire du petit-lait de la montagne. C'était alors le seul traitement que l'on connût. Il y avait un mois que nous étions au village et que nous nous promenions dans le vallon, sans que personne nous eût jamais parlé ni du lieutenant Darmagnac, ni de *ma Bouno*, ni de la source. Nous étions sur le point de repartir lorsque un soir, à la veillée, quelqu'un nous ayant demandé si nous étions allées visiter l'eau minérale, la maîtresse de la maison prit la parole pous nous en détourner. — Gardez-vous, dit-elle, d'aller y boire. Il n'y a qu'une vieille folle du pays qui en ait fait usage. Mais tout le monde se moque d'elle, et personne dans le village ne daigne y faire attention. D'ailleurs vous en seriez dégoûtées rien qu'à voir le rouge qu'elle dépose. — Cette femme n'eût pas de peine à nous dissuader et nous repartîmes sans penser davantage à cette source, et sans nous douter que nous avions à côté de nous un remède autrement actif que le petit-lait. »

Aulus était donc retombé dans son obscurité, lorsqu'un second événement, aussi inattendu que le premier, vint de nouveau appeler l'attention sur ses eaux minérales. Je ne puis mieux faire que de reproduire, textuellement, la lettre qui m'a été adressée à ce sujet par M. de la Rhoëllerie, fils de l'ancien préfet de l'Ariège.

Vers 1844, je me trouvais en villégiature, à Poudelay, chez le général de Saint-Paul, président d'âge du Conseil général. Un charbonnier, qui transportait ses produits, nous raconta que, dans la forêt d'une commune perdue dans les montagnes et à peine connue par le percepteur des contributions, à Aulus, on rencontrait des coqs de bruyère, des isards, des ours et des perdrix blanches. A l'entendre, il n'y avait pas un chasseur dans le pays! C'était donc une *chasse vierge* qu'il offrait à une jeune imagination de Nemrod. M. Gaston de Saint-Paul, devenu plus tard préfet et sénateur de l'Empire, accueillit cette nouvelle avec transport. Il retint le charbonnier au château, et le lendemain trois bons chevaux, dont un pour le guide charbonnier, s'engageaient dans des chemins impossibles et arrivaient le soir même à Aulus. Nous demandons l'auberge ; on nous indique une pauvre masure qui donnait abri, de temps en temps, à quelques muletiers ou contrebandiers espagnols. Nous finîmes par obtenir une omelette et une tranche de jambon. Quant à une chambre et des lits, il n'y fallait pas songer. Mais on n'y regarde pas de si près à vingt ans ! On nous dit que nous serions peut-être plus favorisés chez M. l'abbé Rives, curé du village. Nous nous y rendîmes ; inutile de dire que ce brave homme mit tout le presbytère à la disposition du fils du Préfet et du conseiller général. Le lendemain, dès l'aurore, nous étions en forêt avec le charbonnier, et, si nous ne tuâmes ni ours, ni isards, nous eûmes la chance d'abattre un magnifique coq de bruyère et une quantité respectable de perdrix.

Cette existence nous plut tellement que nous prolongeâmes notre séjour au-delà d'une semaine. Les soirées étaient un peu longues, aussi causions-nous à loisir de ce pauvre village, perdu au milieu des montagnes, obligé d'aller chercher à de grandes distances les objets de première nécessité, sans autre industrie que l'élève de quelques maigres moutons. Nous étions, nous dit le curé, les premiers *chapeaux noirs* qu'on y eût vus, et, à l'exception de la visite de quelque huissier intrépide, du percepteur des contributions, rarement d'un gendarme, ils étaient aussi éloignés de la civilisation que les habitants du Kamtchaka. Nous avons des mines, ajouta-t-il, mais elles sont inexploitées et situées si haut que les frais dépasseraient les bénéfices.

A propos, me dit un jour le curé, je ne vous ai pas parlé d'une source minérale, qui, dit-on, a fait des cures merveilleuses. Qui voulez-vous qui vienne la chercher dans un pays sans hôtel, sans chemin ? Pardon, Monsieur le curé, parlez-m'en, et parlez-m'en beaucoup ; vous avez peut-être là, sous la main, la mine d'or que vous cherchez. Il me raconta alors l'histoire du lieutenant Darmagnac, celle de *ma Bouno* et d'un autre habitant d'Ercé, qui avaient été guéris. Le lendemain, Saint-Paul et moi laissions les coqs de bruyère et les perdreaux vivre en paix ; nous nous transportions à la source, qui n'était qu'un cloaque surmonté d'un robinet en écorce d'arbre ; nous en bûmes même quelques verres qui nous donnèrent un appétit redoutable pour le garde-manger du curé. Nous nous livrâmes encore à une espèce d'*enquête officieuse*, interrogeant toutes les personnes qui avaient usé des eaux. Nous en fîmes charger quelques bouteilles sur nos chevaux, et nous quittâmes Aulus en promettant au curé de revenir et lui faisant espérer une prompte et favorable solution.

Le Conseil général de l'Ariège était en session à cette époque. Gaston de Saint-Paul, de son côté, moi du mien, fîmes un tableau si touchant de la misère de ce pays, de l'efficacité de ses eaux pour certaines maladies, que nous intéressâmes tout le Conseil général à nos pauvres protégés. Mon père me chargea de rédiger un rapport qu'il soumettrait au Conseil, et, dans cette même session, les eaux d'Aulus furent reconnues d'utilité publique. Une subvention fut votée pour faire quelques travaux urgents ; enfin le docteur Monnereau, ami et médecin de la famille de Saint-Paul, fut nommé médecin-inspecteur. L'année suivante, les eaux furent analysées, la route actuelle d'Ercé à Aulus fut mise en adjudication ; enfin des personnages importants, parmi lesquels on comptait le baron de Nervo, receveur général, le préfet, la famille de Saint-Paul, vinrent à Aulus ; ils descendirent chez Souquet, qui venait d'arranger sa maison pour en faire un petit hôtel. Au bout de trois ans, Aulus était connu de la France entière ; je m'y suis trouvé, en 1846, avec dix familles parisiennes ; Octave, le fameux ténor, Laffont, du Vaudeville. Quant au général de Saint-Paul, pendant plus de dix ans, il venait faire sa saison à Aulus et descendait chez le curé. Le docteur Monnereau a occupé le poste de médecin-inspecteur jusqu'en 1848, et quand le docteur

Bordes-Pagés est arrivé, l'affaire était lancée à toute vapeur.

Il y a quelque exagération dans ces dernières paroles ; elles pourraient faire croire que c'est à M. de la Rhoëllerie seul qu'est due la prospérité d'Aulus, et que le docteur Bordes-Pagés n'y a été pour rien. Ce serait une grave erreur. Il ne suffit pas d'un arrêt du Conseil général et de quelques parisiens pour rendre viable une station thermale. Si le lieutenant Darmagnac a été le premier fondateur d'Aulus, M. de la Rhoëllerie peut à bon droit être considéré comme le second, mais il en fallait un troisième. L'auteur de la lettre que je viens de citer oublie, chose bien excusable, après un intervalle de plus de trente ans, que la plupart des clients venus sous ses auspices n'avaient pas reparu, tant était grand à cette époque le dénuement du village. Quelques-uns même étaient repartis sans prendre pied, voyant qu'on ne pouvait leur donner les choses de première nécessité. Ses souvenirs sont également confus quand il dit qu'il s'y est rencontré en 1846 avec Octave, le premier ténor, Laffont, du Vaudeville,... etc... On m'a assuré que ces messieurs n'avaient paru à Aulus que plus tard. L'arbre était planté, et MM. de la Rhoëllerie et de Saint-Paul peuvent, à juste titre, en revendiquer tout l'honneur, mais dans un ter-

rain si ingrat qu'il ne devait fructifier qu'à condition d'être aux soins d'un jardinier qui ne
reculât devant aucune peine. Ce jardinier pro-
videntiel, ce troisième fondateur d'Aulus, fut le
docteur Bordes-Pagés.

Dès que le Conseil général de l'Ariège eut
nommé un médecin-inspecteur des nouveaux
thermes, c'était évidemment à ce dernier à continuer l'œuvre commencée par les deux protec-
teurs d'Aulus. M. Monnereau n'en eut guère le
temps; appelé aux fonctions de juge de paix en
1848, il donna sa démission de médecin-inspecteur, et fut remplacé dans ce poste par le
docteur Bordes-Pagés. Ce dernier, ajoutant ses
observations à celles que lui avait communiquées
M. Monnereau, fit paraître, au commencement
de 1849, la première brochure qui ait été publiée
sur Aulus, et l'envoya aux principaux médecins
du Midi, notamment à ceux de Montpellier où
il avait reçu son diplôme de docteur. Ce coup fut
décisif, car c'est de la publication de cette brochure que date la réputation d'Aulus, ignorée jusque-
là des médecins. Les guérisons racontées dans
cet opuscule parurent si étranges, les propriétés
des eaux qui les avaient produites si merveilleuses, que les docteurs n'hésitèrent pas à y
adresser leurs malades. Le nombre de ceux-ci
qui, en 1848, était encore insignifiant, devint

tout à coup si considérable en 1849, que le propriétaire des thermes, M. Degeilh, se décida à agrandir sa première construction balnéaire, et porter à une vingtaine le nombre des baignoires. En 1845, encouragé par l'initiative que venait de prendre le Conseil général de l'Ariège, il avait fait un premier captage de la source Darmagnac, et construit la buvette que l'on a vu jusqu'en 1872. Les travaux de déblaiements nécessités par ce captage mirent à jour la buvette Gallo-Romaine dont j'ai parlé plus haut. C'est vers cette même époque que fut percée l'allée des thermes, élargie depuis, et qu'on jeta sur le gave le pont qui lui fait suite. De son côté l'administration des ponts et chaussées transformait en route carrossable la voie muletière qui conduisait d'Ercé à Aulus. La jeune station thermale se trouvait ainsi reliée à Saint-Girons.

L'affluence des malades en 1849 eut un autre résultat. L'abbé Bacque, natif d'Aulus, et propriétaire d'une source située dans le voisinage de la buvette, conçut le projet de fonder un second établissement thermal plus petit que le premier, et qui, par ses prix réduits, serait plus spécialement affecté à la classe pauvre. Il s'adjoignit, à cet effet, deux propriétaires de terrain avoisinant le sien, et fit élever une modeste construction en arrière de l'établissement Degeilh. Quelque temps après, les trois associés ne pouvant s'entendre, la buvette Bacque et les bains qui s'y trouvaient annexés furent vendus par licitation, et passèrent aux mains de M. Degeilh. Toutes ces constructions ont été démolies en 1874 pour faire place aux thermes actuels.

Les personnes qui n'ont pas visité Aulus, dans les premières années de son éclosion, se feraient difficilement une idée de l'entrain que l'on remarquait à cette époque parmi les étrangers. Comme il n'existait encore que deux petits hôtels, l'hôtel Souquet et l'hôtel de France, les visiteurs ne se trouvaient guère plus de 25 ou 30 à la fois. Vivant sous le même toit, ils faisaient vite connaissance et ne formaient plus qu'une seule famille où régnait la gaîté la plus franche. L'étiquette, si rigoureuse aujourd'hui dans toutes les stations thermales, était inconnue de la colonie Aulusienne. On consacrait la matinée au traitement qui se réduisait à des promenades et à des causeries sur l'allée des thermes ou plutôt sur les sentiers qui remplaçaient cette allée et la route actuelle. L'heure du déjeuner était attendue avec la plus grande impatience, car, au stimulant de l'air des montagnes et de l'exercice du matin, venait se joindre l'action apéritive des eaux qui forme, comme on sait, une des vertus caractéristiques des sources d'Aulus. Le repas terminé, on allait visiter les sites des environs. Le médecin et le curé se mettaient en tête de la bande joyeuse, et on passait l'après-dînée au pied des cascades et des glaciers. Parfois, quand la journée était belle, on partait de bonne heure avec des provisions, et le déjeuner avait lieu à 1,500 ou 2,000 mètres au-dessus du niveau de l'Océan, avec un tapis de verdure pour nappe, et pour perspective l'horizon des montagnes. Puis on organisait des danses sur ces pelouses qui n'avaient jamais été foulées que par les pieds d'isards. Les pâtres, ébahis de ce spectacle, ne pouvaient en croire leurs yeux. Dans une de ces réjouissances se trouvait Lacroix, l'ancien artiste de la Scala de Milan. Voyant un bloc de granit, une idée subite traverse son cerveau, déjà échauffé par le champagne, et, grimpant sur le roc, il entonne un morceau de circonstance, de sa plus belle voix de basse-taille. Non loin de là se tenait un vieux chevrier, appuyé sur son long bâton. S'avançant vers Lacroix, comme ce dernier descendait de son estrade, Monsieur, lui dit-il, quand j'étais jeune je chantais encore plus fort que vous; les éclats de ma voix retentissaient dans toute la vallée. L'artiste, peu familiarisé avec le dialecte Aulusien, demanda l'explication de ces paroles, et des rires homériques accueillirent cette vanterie toute pyrénéenne. Le reste de la journée se passait à cueillir des fraises, des framboises, des baies de myrtil ou des roses sauvages. Le soir, la colonie rentrait solennellement au village, les cavaliers une fleur à la boutonnière, les dames un bouquet à la main.

Arrivons à 1865. Une ère nouvelle va s'ouvrir pour Aulus. A cette époque on ne voyait dans le vallon, en dehors des deux rudiments d'établissement balnéaire, qu'une seule construction, l'hôtel Georges, bâti en 1857. C'était d'abord une simple maison qui s'est depuis successivement agrandie. Des champs de maïs couvraient les emplacements occupés aujourd'hui par le *Grand Hôtel* et l'*Hôtel du Midi*. Le parc n'était encore qu'une immense prairie. Le village, sensiblement transformé depuis 1845, tendait à s'allonger vers le vallon, dans la direction des sources. Il commençait, à droite, à l'Hôtel Jean de Massat qui s'achevait à peine, à gauche, un peu au-dessous de l'Hôtel de Paris, dont la construction remontait à 1851. Le sentier étroit et tortueux qui traversait le hameau avait pris les allures d'une rue. Les huttes celtiques qui bordaient autrefois ces deux côtés faisaient place à des maisonnettes où l'on installait tant bien que mal les étrangers. L'affluence de ceux-

ci étant toujours croissante on songea à élever
des hôtels plus vastes et plus confortables que
ceux qui existaient déjà. M. Biros donna l'exemple et, en 1865, commença la construction du
Grand Hôtel du Midi qui s'ouvrit l'année d'après
et qui depuis a été agrandi. En 1866, M. Pon-
solle jeta les fondements du *Grand Hôtel du
Parc* qui ne comprenait alors que le pavillon du
milieu. Puis vint le tour du *Grand Hôtel* dont
l'ouverture remonte au 15 août 1871. Les années suivantes, on vit s'élever les petits hôtels et
les maisons meublées qui bordent la route. A
l'heure qu'il est, Aulus compte une quinzaine
d'hôtels, dont trois de premier ordre, et une
trentaine de maisons meublées ; un millier d'é-
trangers peuvent y loger à la fois. La population
du village comprend également un millier d'individus.

C'est en 1865 que je visitais Aulus pour la
première fois. Nous étions au 20 juillet, et je fus
surpris de ne compter qu'une douzaine d'étrangers sur l'allée des thermes, lorsque Luchon,
d'où je sortais, regorgeait de monde. A cette
époque, les malades n'arrivaient qu'en août et
septembre. La véritable clientèle thermale ne
connaissait pas encore le chemin d'Aulus. L'élément qui dominait était le commis voyageur.
Cette classe active de l'industrie et du commerce

a beaucoup aidé, dans les premiers temps, à faire connaître la jeune station thermale, la vie de voyage se prêtant, on ne peut mieux, à une telle propagande. Dès mon arrivée, je fus frappé de l'aspect riant du vallon et de la beauté des alentours. Je retrouvais dans mes excursions sur les montagnes tous les paysages qui font le charme des environs de Bigorre, de Luchon, de Cauterets, des Eaux-Bonnes. Je rencontrais des cascades aussi imposantes que celles de la vallée du Lys, des lacs non moins pittoresques que celui de Gaube, des pics, des glaciers, des avalanches de blocs de granit rappelant par leur grandiose les sites les plus sauvages des Pyrénées.

Le costume, les mœurs, la physionomie des habitants du village me causaient une surprise non moins grande; je vis que j'avais affaire à une population primitive, à une *terre vierge*, et l'année d'après je fis paraître, dans la *Revue contemporaine*, une étude sur le *Vallon d'Aulus;* ce travail fut reproduit par le *Journal de Toulouse;* une nouvelle étude parut en 1867 dans la *Revue d'Aquitaine* et fut également reproduite par le même journal.

Je racontais mes impressions, je décrivais quelques-unes des cérémonies religieuses dont j'avais été témoin et qui rappelaient, au plus haut degré, la simplicité des premiers âges; je ne craignais pas d'affirmer que je venais de découvrir, dans un coin des Pyrénées, un petit vallon où le philosophe et l'historien trouveraient, aussi bien que le géologue et le touriste, les sujets d'étude les plus intéressants. Ces articles, propagés dans le Midi par le *Journal de Toulouse*, dissipèrent les préventions de beaucoup de personnes qui, ne connaissant Aulus que par les récits des médecins, considéraient cet endroit comme une sorte de léproserie perdue dans une gorge inhabitable, et la clientèle des thermes s'accrut d'autant. En 1872, je fis paraître la première édition de ce livre. Ainsi que dans mes publications précédentes, je m'attachais surtout à faire ressortir la beauté des sites aulusiens et le cachet primitif qu'offraient encore par certains côtés le village et les habitants. Je m'adressais aux touristes plutôt qu'aux malades, et peut-être que ma voix ne fut pas sans échos, car, dès ce moment, une partie du grand monde thermal, qui jusqu'alors avait ses préférences pour Luchon, Vichy, etc., se dirigea vers Aulus. Je dois ajouter que je fus puissamment aidé dans cette propagande par celle que le nouveau propriétaire des thermes, M. Barthet, dont je vais bientôt parler, fit de son côté, en répandant, concurremment avec ma brochure, une nouvelle édition de celle du docteur Bordes-Pagés.

Cependant, la période d'éclosion touchait à sa fin. Il ne fallait plus qu'une dernière impulsion pour faire de ce site une station thermale de premier ordre. De vastes hôtels avaient été élevés dans le vallon aux alentours des sources. Mais les deux buvettes, ainsi que les deux petits établissements balnéaires qui s'y trouvaient annexés, laissaient fort à désirer. C'était de vieilles constructions bâties au hasard, sans destination bien arrêtée, et insuffisantes à tous les points de vue, surtout eu égard au nombre toujours croissant d'étrangers. D'ailleurs, bien qu'il se produisit presque chaque année des cures non moins merveilleuses que celle du lieutenant Darmagnac et que nombre de paralytiques eussent déposé leurs béquilles, en guise d'*ex-voto*, dans la cabine où s'était opérée leur guérison, Aulus, faute de publicité, n'était guère connu que de l'Ariège et des départements limitrophes. Si d'aventure un parisien ayant entendu vanter ces sources, en parlait à son médecin, celui-ci de le détourner aussitôt de tout projet de voyage, dans une localité si lointaine, perdue au milieu des montagnes, par conséquent sans ressources, et d'ailleurs complètement inconnue de la science officielle. Il fallait qu'un homme d'initiative prit en main la cause d'Aulus, remplaçât les anciennes constructions par de nouveaux thermes, et, à l'aide d'une propagande active, les fit connaître du reste de la France, notamment des médecins de Paris, qui, comme on sait, donnent l'impulsion au monde thermal.

M. Belot, ancien consul de France à San-Salvador, faillit être cet homme. Se trouvant à Aulus en 1870, il comprit l'avenir réservé à ces thermes, et acheta les deux petits établissements de M. Degeilh. Les perturbations financières, qu'amenèrent la guerre, l'empêchèrent de donner suite à son projet, et, à la fin de 1871, il céda ses droits à M. Barthet, notaire à Saint-Girons. Se mettant aussitôt à l'œuvre, M. Barthet pria le docteur Bordes-Pagès d'écrire une nouvelle brochure sur Aulus, la fit tirer à plusieurs milliers d'exemplaires, et l'envoya à tous les médecins des grandes villes et des chefs-lieux de canton.

En même temps, M. Barthet ne se contentait pas de faire connaître les eaux d'Aulus au corps médical. La propagande qu'il faisait à cet effet n'était que la moitié de sa tâche. Les constructions de la première heure étant devenues insuffisantes et complètement délabrées, il s'occupa de les remplacer par des établissements convenables en rapport avec le nombre de malades qu'Aulus allait désormais recevoir. A la fin de 1872, lorsque les étrangers eurent quitté le vallon, on démolit la buvette Darmagnac, ainsi que la buvette du petit établissement Bacque, et on procéda à un nouveau captage. Des dépôts d'eau minérale furent établis chez tous les principaux pharmaciens ; et, quelques mois après, les eaux d'Allemagne, effrayées d'une telle concurrence, baissèrent leurs prix de moitié. Une propagande aussi active devait porter ses fruits. L'année suivante, la clientèle d'Aulus fut pesque doublée. Au fort de la saison, les nouveaux hôtels construits dans le vallon se virent forcés d'envoyer au village une partie de leurs pensionnaires, n'ayant plus de logement à leur donner ; enfin, trait caractéristique pour qui connaît les stations thermales, l'Anglais, le Russe et l'Américain avaient fait leur apparition à Aulus. Les prédictions de la vieille prophétesse, *ma Bouno*, commençaient à se réaliser.

Les fouilles, entreprises à cet effet, amenèrent la découverte d'une troisième source dite des trois Césars, en souvenir des trois médailles impériales exhumées dans les travaux de déblaiements et dont j'ai parlé plus haut.

Au printemps de 1873, les affouillements étant terminés, on s'occupa de la construction des buvettes. Trois sources avaient été captées ; c'était donc trois fontaines qu'il fallait élever à côté l'une de l'autre. L'architecte, à qui ce soin fut confié, eut l'heureuse idée de les placer dans autant de grottes artificielles communiquant

entre elles. Rien, en effet, de plus pittoresque
que ces antres qui semblent s'enfoncer dans la
montagne, tandis que, du milieu des rochers qui
forment les parois, jaillissent les robinets des
sources. Le voisinage de certaines grottes naturelles, qu'on rencontre dans les montagnes calcaires qui entourent Aulus, favorisa beaucoup ce
genre de construction, en fournissant les stalac-
tiques des voûtes. La grotte du centre, la plus
grande des trois, en est aussi la plus importante,
car c'est elle qui renferme la source Darmagnac,
c'est-à-dire l'antique griffon capté par les Gallo-
Romains. A droite on trouve la grotte Bacque,
et à gauche celle des trois Césars. Je reviendrai,
au chapitre suivant, sur les propriétés curatives
des trois sources.

Les buvettes terminées on songea à construire un nouvel établissement de bains. Au commencement de 1874, les anciennes constructions étaient démolies, et, dès que la neige eut
disparu, les maçons se mirent à l'œuvre. Les
travaux furent poussés avec une telle activité
que les nouveaux thermes étaient achevés avant
l'arrivée des étrangers, c'est-à-dire vers la fin
juin, à l'ouverture de la saison. On doubla le
nombre des cabines, et on établit un service
de douches qui manquait aux anciens établissements. Dans l'intérieur de l'édifice se
trouve une vaste galerie où les malades peu-

vent se promener les jours de mauvais temps.

Inutile de dire que rien n'a été omis pour assurer le confortable des bains, aussi bien que des douches. Ajoutons que cette construction n'est que provisoire, et que l'administration actuelle des eaux minérales d'Aulus se propose d'élever incessamment des thermes dignes en tous points d'une station qui aspire à devenir la première des Pyrénées.

En 1877, MM. Calvet, propriétaire du *Grand Hôtel* et Laporte, entrepreneur à Aulus, ayant acheté de concert une source inexploitée au voisinage des grottes, en découvrirent une seconde en captant la première, et construisirent les deux buvettes qui portent leurs noms, ainsi que le petit établissement balnéaire qui se trouve à côté. A la même époque fut fondée, sous les auspices de M. Barthet, la *Revue thermale d'Aulus*, que je dirigeais pendant quatre années, sous le pseudonyme de *Stahl*. C'est aujourd'hui la *Gazette d'Aulus*. J'avais pour collaborateurs le docteur Bordes-Pagés et le docteur Alricq. Ce dernier, venu à Aulus en 1877, s'y est fixé depuis comme médecin consultant, et a dignement continué par la publication de diverses brochures la propagande médicale commencée par le docteur Bordes-Pagés. En 1880, M. Barthet céda ses droits à un financier, M. Hirschler, qui depuis quelques années s'occupait à Paris de la vente des eaux d'Aulus. Ce dernier fit en même temps l'acquisition du parc, ainsi que du *Grand Hôtel* et des thermes Laporte et Calvet, qu'il acheta l'année d'après. L'œuvre de M. Barthet fut reprise avec une nouvelle vigueur. M. Hirschler ne recula devant aucune dépense pour embellir le parc et en faire une des plus belles résidences des Pyrénées, et apprendre le nom d'Aulus aux malades et aux touristes qui ne le connaissaient pas encore. C'est également à M. Hirschler qu'on doit le grand Casino. Avant l'ouverture de cet établissement, qui eut lieu en 1882, on jouait la comédie au petit casino, que M. Rumeau, maître de poste à Saint-Girons, avait fait construire en 1877. Ajoutons que le petit casino paya sa bienvenue en versant aux mains de la municipalité d'Aulus les fonds qui devaient servir à la construction et à l'installation du télégraphe. Aujourd'hui, le principal actionnaire de *la Société générale des eaux minérales d'Aulus* est le Comptoir d'Escompte, qui a confié la direction des thermes, du casino, du *Grand Hôtel du Parc* et du *Grand Hôtel*, à son représentant M. Besson. C'est sous l'impulsion aussi vive qu'éclairée de M. Besson que vont s'accomplir les derniers aménagements qui doivent assurer à la jeune station l'avenir que lui réservent son site, son climat, son paysage et les propriétés merveilleuses de ses eaux.

CHAPITRE IV

PROPRIÉTÉS DES EAUX D'AULUS. — BOISSONS. — BAINS. — DOUCHES. — CONSEILS AUX MALADES. — CLIMAT. — PAYSAGE.

Les propriétés des eaux d'Aulus sont nettement définies dans les lignes suivantes que j'emprunte au docteur Comminge.

« Par sa composition, l'eau d'Aulus possède surtout trois propriétés dominantes : elle est laxative, diurétique et dépurative.

1° Laxative : elle purge doucement, lentement, sans fatigue, sans irritation ; elle détruit la constipation et fait cesser aussi les dyspepsies de l'estomac et de l'intestin, tenant à la paresse des organes ; elle augmente l'appétit en favorisant la digestion. Elle agit en même temps sur le foie, dont elle empêche la congestion, en augmentant la sécrétion intestinale, et favorise l'expulsion des glaires.

2° Diurétique : elle augmente considérablement la sécrétion urinaire, même prise à petites doses, détruit les dépôts qui se forment dans l'urine ; sous son influence, le liquide devient clair et limpide. Elle fait disparaître toute trace de gravelle ; on la conseille donc dans les mala-

dies des reins, de la vessie et des organes génito-
urinaires.

3° Dépurative : seule de toutes les eaux minérales naturelles, elle possède, à un haut degré,
une vertu dépurative des plus remarquables.
C'est la qualité qui l'a d'abord fait connaître et
qui lui a valu sa grande réputation. Elle agit sur
le sang, qu'elle purifie et régénère ; elle détruit
les rougeurs, les boutons, les furoncles, les
éruptions invétérées, qui sont la conséquence
d'une viciation du sang tenant à des causes
constitutionnelles ou autres. Elle remplace avec
avantage les jus d'herbes, la douce-amère, la
salseparelle, les plantes amères que l'on a l'habitude de prendre au printemps. A cette époque
de l'année, on peut faire chez soi une cure de
vingt-cinq jours, à la dose d'une bouteille par
jour ; sous son influence, on sent une vitalité
nouvelle circuler dans tout le corps.

Dans tous les cas, quelle que soit l'action que
l'on désire obtenir, la dose est toujours d'une
bouteille par jour. Comme laxative, on n'a pas
besoin de la continuer pendant très longtemps,
à moins de cas particuliers dont le médecin sera
seul juge.

Comme diurétique, il faut au moins une cure
de vingt jours pour être sûr de détruire les dépôts urinaires.

Comme dépurative, il faut, au minimum, comme nous l'avons dit plus haut, une cure de vingt-cinq jours.

On peut la boire le matin à jeun, dans le courant de la journée, en mangeant même, mélangée avec du lait, du vin, du sirop ou pure si elle convient mieux. Elle n'a, du reste, ni goût, ni odeur désagréable.

Pour avoir un effet purgatif certain on peut la prendre de cette façon : deux ou trois verres le matin à jeun, déjeuner à l'heure habituelle et en boire en mangeant; un verre à distance égale du déjeuner et du dîner, et si l'action n'est pas suffisante, un autre verre le soir en se couchant. »

Je compléterai ces considérations du docteur Comminge par deux remarques importantes.

L'action dépurative des eaux d'Aulus semble atteindre son *sommum* d'énergie quand il s'agit de combattre les accidents secondaires et tertiaires de la siphylis. Les cures les plus extraordinaires qui se sont produites depuis la découverte des sources, c'est-à-dire depuis plus d'un demi-siècle, rentrent dans cette catégorie. Quelques-uns de ces malades rappelaient les pèlerins venus de terre sainte, par leur épiderme plaqué de coquilles. Au bout de quelques semaines, ces étranges végétations tombaient une à une, tandis que les plaies qui les engendraient se fermaient d'elles-mêmes sous la seule poussée des eaux. C'est donc sans exagération que le docteur Garrigou, qui a fait l'analyse des eaux d'Aulus, a pu dire qu'elles sont sans rivales en France et peut-être en Europe, comme dépuratives. On peut dire également que ces eaux agissent d'une manière spéciale sur l'appareil génito-urinaire, et qu'elles sont un remède souverain dans le traitement des affections de ces organes. Aussi, nombre de malades du Midi, qui autrefois se rendaient à Vichy, Plombières, Contrexéville, Capvern, etc., préférent-ils aujourd'hui Aulus, où ils sont assurés de trouver une guérison aussi efficace, et quelquefois plus prompte.

Un autre trait caractéristique des eaux d'Aulus est l'appétit qu'elles procurent à ceux qui en font usage, même aux doses les plus modérées. Les étrangers qui arrivent pour la première fois sont surpris du nombre de mets qu'on leur sert à table d'hôte. Cet appétit s'explique par l'action dépurative des eaux. L'appareil digestif se trouvant débarrassé des éléments viciés qui entravaient la marche normale de la nutrition, une vigueur nouvelle stimule l'estomac ainsi que les intestins et gagne, de proche en proche, toute la machine humaine. L'énergie vitale se réveille comme sous le coup d'une secousse galvanique, et on voit s'opérer des cures qui tiennent parfois du prodige. C'est surtout dans le traitement des paralysies que cette action héroïque se fait remarquer. Un pharmacien que j'avais vu traîner aux thermes dans une chaise à porteurs, et dont l'état était désespéré, repartit d'Aulus complétement guéri. L'année d'après, je le revis sur les montagnes, chassant l'isard. Ainsi que je l'ai déjà dit, nombre de paralytiques ont laissé leurs béquilles dans l'ancien établissement Degeilh, comme trophée de leur cure.

Le traitement se fait principalement par la boisson ; l'eau se prend avant le déjeuner du matin ; son action se fait sentir à toutes les époques de l'année, mais, comme dans la plupart des stations thermales des Pyrénées, les malades n'arrivent guère que dans la belle saison. Depuis le commencement de juin jusqu'à la fin de septembre, on voit, dès cinq à six heures du matin, l'allée des thermes se remplir de promeneurs. Chacun d'eux se dirige vers la fontaine, avale un verre ou deux, suivant sa disposition, et si le temps est beau va se promener paisiblement sous les tilleuls qui bordent l'allée. Il fait plusieurs fois le chemin de la fontaine au pont et du pont à la fontaine, s'arrêtant de quart d'heure en quart d'heure devant la buvette pour prendre un nouveau verre. Chez les personnes d'un tempérament ordinaire, l'effet laxatif se fait sentir dès le sixième ou septième verre ; pour quelques-unes il arrive plus tôt ; d'autres sont obligées d'aller jusqu'à dix ou douze verres. Quelques extravagants vont jusqu'à quinze verres, et même au-delà. Nous croyons beaucoup plus sage de s'arrêter dès que l'effet purgatif s'est franchement manifesté, sauf à boire encore un verre pour donner plus de continuité à l'action. Quelques personnes d'un tempérament délicat ou affaibli par la maladie ajoutent à l'eau un peu de lait ou de sirop de gomme pour couper la crudité ; d'autres y ajoutent un peu de magnésie afin de stimuler l'action laxative, ou prennent après le dernier verre un bouillon aux herbes. Mais ce sont là des exceptions. L'eau claire, limpide, sans odeur, sans arrière-goût métallique, très digestive, n'a besoin ni de correctif ni de stimulant. Vers les neuf heures, l'allée est complètement déserte ; tout ce monde de buveurs est rentré dans les hôtels, attendant avec la plus grande impatience l'heure du déjeuner. Comme nous l'avons déjà dit, une des propriétés caractéristiques de ces eaux est de provoquer un appétit extraordinaire. Demandez plutôt au maître d'hôtel.

Sur les trois ou quatre heures de l'après-midi les visiteurs reparaissent dans l'allée des thermes, mais ils sont loin d'être en aussi grand nombre que dans la matinée. On n'y voit guère que les personnes qui vont prendre un bain, quelques oisifs en quête de distractions, ou ceux qui, désirant se procurer de l'appétit pour le dîner, viennent avaler un verre ou deux d'eau minérale. La plupart des étrangers font la sieste chez eux, quelques-uns sont en excursion sur la montagne, et le reste est disporsé dans les cafés. A six heures les thermes deviennent complètement déserts.

Qu'elle est la meilleure buvette? Tel est le point d'interrogation que se pose tout malade en arrivant à Aulus. Voici ma réponse.

Les buvettes des grottes, je veux dire Darmagnac, Bacque et les trois Césars, ayant à peu près même température et même composition chimique, peuvent être prises indifféremment l'une pour l'autre. Les Gallo-Romains donnèrent la préférence à la première, parce que étant la plus abandante, elle déposait plus que les autres, et paraissait par conséquent plus minéralisée. Il en fut de même au commencement du siècle lorsque l'ex-infirmier Lacrampe en conseilla l'usage à *ma Bouno*. Nous ne la croyons pas plus minéralisée que les autres, mais elle a deux avantages qui lui assurent la priorité; sa température est d'un demi-degré ou d'un degré plus élevé que celle de la source Bacque et la source des trois Césars, et c'est elle qui a produit la plupart des cures extraordinaires obtenues à Aulus. On ne doit donc pas s'étonner si la majeure partie des malades courent à la buvette Darmagnac. La source Bacque a fait également ses preuves ; aussi a-t-elle sa clientèle et ses fanatiques. La source des trois Césars serait probablement aussi en renom que ses deux aînées, si elle avait été captée en même temps. Mais son captage ne remonte qu'à 1872. A cette époque, le choix des malades était fait, et ceux qui sont venus depuis ont continué à délaisser les trois Césars, pour suivre le double courant qui conduit à la buvette Darmagnac ou à la buvette Bacque. La source Calvet, quoique plus récente que celle des trois Césars, a néanmoins sa petite clientèle. Plus riche en sulfate de chaux que les sources des grottes, elle possède des propriétés purgatives plus accentuées. Mais comme elle est en même temps plus froide, nous ne conseillons son usage qu'aux tempéraments robustes et nullement aux malades dont l'estomac se trouve affaibli. La source Laporte, insignifiante à raison de son peu de débit, n'a reçu jusqu'ici aucune application.

Je donnerai au dernier chapitre l'analyse des sources par le docteur Garrigou.

Prises en bains, les eaux d'Aulus exercent également une action des plus salutaires. Elles sont à la fois adoucissantes et toniques, toniques surtout, pourvu cependant qu'on ne reste pas trop longtemps dans le bain et qu'on ne le prenne pas trop chaud. Une demi-heure, trois quarts d'heure au plus suffisent, et il est bon, sauf avis contraire du médecin, que l'épiderme éprouve une légère sensation de fraîcheur avant de quitter la baignoire. On obtient aisément ce résultat en laissant couler dans le bain, à l'aide du robinet, un petit filet d'eau froide.

Pour certains tempéraments, le bain est l'auxiliaire obligé de la buvette. Beaucoup de personnes en prennent un le matin, après avoir avalé un premier verre d'eau, et continuent à boire de dix minutes en dix minutes, ou de quart d'heure en quart d'heure, tant qu'elles sont dans la baignoire, l'action laxative devient ainsi plus prompte. Nous recommandons cette méthode aux malades dont l'estomac délicat se refuse à absorber une grande quantité de liquide. L'eau du bain entrant par les pores compense en partie la boisson et prédispose à l'effet purgatif que recherchent la plupart des étrangers qui fréquentent Aulus. Le bain agit également sur les organes génito-urinaires. Maintes fois des dames ont trouvé la guérison de diverses maladies de leur sexe en pratiquant des injections pendant qu'elles étaient dans la baignoire.

Voici un petit conseil à l'adresse de ceux qui font usage de bains.

Mettez-vous de préférence la tête au nord, les pieds au sud, c'est-à-dire à peu près dans la direction de l'aiguille aimantée. Cette position est loin d'être indifférente, et les baignoires se prêtent parfaitement à cette orientation. Depuis la célèbre expérience d'Alexandre de Humboldt, qui faisait dévier la boussole par la seule force de sa volonté et la contraction des muscles du bras, tendu vers l'aiguille, on ne peut plus révoquer en doute la liaison intime qui existe entre le magnétisme terrestre et le magnétisme animal, qu'on pourrait définir : le principe même de la vie. C'est sous la même influence que certaines personnes ne peuvent dormir d'un sommeil paisible lorsque leur lit n'est pas dans l'orientation magnétique. Dans toute autre direction elles éprouvent un malaise sensible, surtout quand on a fait une longue course ou essuyé une grande fatigue. Les organes, ou plutôt les éléments moléculaires qui les constituent, ayant perdu, en quelque sorte, leur position d'équilibre à la suite d'un travail excessif, ont besoin d'être soumis, de nouveau, à l'action des courants magnétiques pour reprendre leur élasticité première. Ces faits ne sont pas inconnus de la médecine, et un docteur allemand, qui les avait mis en pratique toute sa vie, a atteint l'âge de cent neuf ans.

L'hydrothérapie, qui tient aujourd'hui une si grande place dans la plupart des stations thermales, n'a pas été oubliée à Aulus. On ne saurait, il est vrai, y rencontrer le fastueux étalage qu'on admire dans les établissements où les eaux sont naturellement chaudes, tels que Cauterets, Luchon, etc. En revanche, la salle des douches ne devient pas une étuve irrespirable, dans les journées caniculaires de juillet et d'août. Un autre avantage, que je dois signaler, est la basse température qu'on peut donner à l'eau froide. Toutes les sources du vallon, à l'exception des sources minérales, sont presque glaciales. Aussi les douches écossaises qu'on prend à Aulus, sont-elles hautement appréciées des malades qui joignent ce traitement à celui de la boisson. Le service des douches se fait dans un petit pavillon annexé à l'établissement balnéaire.

Nous terminerons ces considérations générales par quelques conseils aux malades.

Beaucoup de personnes sont persuadées que l'unique propriété des eaux d'Aulus est d'être purgative ; venant chaque année passer une semaine ou deux à Aulus, plutôt par habitude que par besoin, elles boivent sans s'inquiéter du nombre de verres, jusqu'à ce qu'elles aient obtenu, suivant leur expression, un *lavage*, et ce *lavage* fait, s'en retournent en racontant leurs prouesses. Les gens qui viennent d'après ces indications boivent quelquefois outre mesure pour obtenir l'effet annoncé par le programme, se désespèrent s'ils ne le voient pas arriver et quittent Aulus en accusant l'impuissance de ces eaux qu'on leur avait tant vantées. Cela tient à une erreur que nous devons signaler. Les eaux d'Aulus ont plusieurs propriétés et plusieurs moyens d'action : chez certaines personnes, et c'est peut-être le plus grand nombre, elles agissent de préférence sur les voies urinaires ; chez d'autres sur les voies intestinales ; dans les journées chaudes de l'été elles s'échappent aussi, du moins en partie, par la transpiration, surtout si on ajoute l'exercice de la promenade aux excitations de la température. Souvent ces trois effets s'exercent en même temps. Parfois on n'en ressent que deux, et dans certains cas, le patient n'éprouve que le premier, quelle que soit la quantité d'eau qu'il avale. Loin de se désespérer, il doit, au contraire, se tenir pour satisfait, car l'action que l'eau produit sur l'organisme est indépendante de l'issue par laquelle elle s'échappe. Qu'il me suffise de rappeler que le héros d'une des cures les plus extraordinaires qu'on ait vu à Aulus, le nommé F.... de Pézenas, subit un traitement de six semaines par la boisson, sans éprouver une seule fois l'action laxative. Toute l'eau qu'il absorbait sortait par les voies urinaires. Au surplus, les personnes qui veulent à tout prix obtenir un effet purgatif, peuvent atteindre ce résultat de diverses manières. Elles ont, à leur choix, l'addition d'un peu de magnésie ou du bouillon aux herbes, ou bien encore, la source Calvet plus riche que les autres en sels laxatifs. Si ces moyens n'aboutissaient pas, elles auraient recours à l'usage du bain, pris le matin, concurremment avec l'eau en boisson, ou bien elles prolongeraient leur séjour à Aulus. Au cas où le départ ne pourrait être retardé, elles emporteraient une caisse de bouteilles d'eau minérale, afin de continuer le traitement à domicile. Chose singulière, l'eau d'Aulus qui, prise à la buvette, est pour beaucoup de personnes exclusivement diurétique, devient franchement laxative, quand elle a séjourné dans les bouteilles, ce qui s'explique peut-être par une différence de tension électrique.

Le traitement fait à domicile avec de l'eau en bouteilles est-il aussi efficace que celui qu'on obtient à Aulus? Voilà un point d'interrogation que se posent bien des malades et que nous ne devons pas laisser sans réponse. On peut établir en principe que tout traitement thermal est une résultante dont les composantes sont l'altitude, le climat, le changement d'air et de nourriture, les distractions, les promenades, etc. L'eau minérale n'y joue quelquefois qu'un rôle secondaire. Ce n'est pas le cas à Aulus. Ce sont bien les éléments chimiques dissous dans l'eau des sources qui réveillent l'énergie vitale en débarassant le sang de ses humeurs et en imprimant une vigueur nouvelle à l'organisme. Mais cette action est puissamment secondée par la fraîcheur du site, par la pureté de l'air qu'on y respire, par les senteurs balsamiques des plantes, enfin par l'éloignement des affaires et le repos. A peine est-on entré dans la gorge de Ribaute, à quelques kilomètres de Saint-Girons, qu'on se sent transporté dans un autre milieu. Un bien-être indicible vous vivifie. Vous approchez de la montagne et vous en ressentez déjà la tonique influence. Votre appétit s'éveille et, en arrivant à Aulus, vous éprouvez les premiers symptômes de la cure que vous venez chercher. Trois heures de voyage en calèche découverte à travers ces gorges alpestres et ces hautes altitudes ont suffi pour amener ce résultat. Je dirai donc sans crainte d'être démenti par les médecins qu'un traitement fait à domicile, à l'aide de 25 ou 30 bouteilles d'eau minérale, peut assurer dans bien des cas la guérison, mais ne saurait procurer les avantages qu'on retire d'un séjour de quelques semaines à Aulus.

Ce que je viens de dire sur les eaux d'Aulus, explique suffisamment la célébrité dont elles jouissent aujourd'hui. Mais la clientèle qui s'y rend chaque année ne serait ni aussi nombreuse, ni aussi élégante, si des attractions d'un autre ordre n'appelaient le touriste en même temps que le malade. Les personnes qui vont aux Pyrénées ou ailleurs, pour suivre un traitement, ne forment qu'une faible part du monde thermal. Dès que les chaleurs estivales rendent les cités inhabitables, tous les oisifs de courir aux montagnes, à la recherche de sites ombragés. Naturellement ils se dirigent de préférence vers les villes d'eaux, qui par l'altitude et le paysage offrent les agréments des contrées alpestres. A ce point de vue Aulus est non moins privilégié que sous le rapport des sources, pour fixer l'attention des étrangers et devenir une station de premier ordre. Pas d'été, proprement dit, mais un printemps perpétuel qui entretient dans tout le vallon la verdure et la fraîcheur. Aux journées les plus chaudes de juillet et d'août, le thermomètre marque de neuf à dix degrés, le matin, au moment où s'ouvrent les buvettes et ne dépasse guère vingt-quatre dans l'après-midi. Les personnes d'une santé délicate commettent une imprudence lorsque partant pour Aulus, en pleine canicule, elles négligent d'emporter un léger vêtement de laine qui les prémunisse contre l'air frais du soir. Une altitude de 760 mètres explique la chaleur tempérée du jour et la basse température des nuits. Dès que le soleil est sous l'horizon une légère brise descendue des glaciers apporte à la poitrine des bouffées de senteurs aromatiques qu'on respire avec délice. Une atmosphère aussi pure ne saurait donner prise aux épidémies. Le choléra et la petite vérole, qui ont plusieurs fois ravagé le Midi de la France, n'ont jamais fait leur apparition dans ces montagnes. Le paysage, qui n'a de rival que celui de Luchon, n'est pas moins attrayant que le climat.

Où trouver un vallon aux allures plus riantes, au cadre plus sévère, plus majestueux ! Le gave qui le traverse dans toute sa longueur descend en cascades des hautes cimes de l'Est, et s'enfonce dans les gorges du couchant ; au moment où il quitte le vallon, les montagnes se resserrent et l'une d'elles la *Capelle* (1), se dressant

(1) La *Capello*, ainsi nommée à cause de sa ressemblance avec le manteau court, en langue du pays, *Capello* que les femmes portent sur la tête et les épaules.

'out-à-coup au Sud, comme un fantôme immense, découpe, la nuit, sur le ciel, une ligne d'une
grandeur saisissante.

Aux belles matinées du solstice, on aperçoit,
avant l'aube, les pitons aigus de la crête illumi-
née au loin des clartés du jour, tandis que les
vapeurs du gave flottent indécises jusqu'au bas
des collines ; même spectacle le soir aux premières heures du crépuscule, quand les ombres
descendent dans les gorges du couchant ; parfois
l'arc-en-ciel se montre au passage des derniers
rayons, à travers ces régions brumeuses ; le
cirque de granit se profile à l'horizon, autour de
l'arche gigantesque et donne au phénomène un
relief d'une sérénité indescriptible.

Les alentours d'Aulus peuvent également le
disputer pour le grandiose et la variété du paysage aux sites les plus en renom des Pyrénées.
Gaves impétueux, précipices à pics, effondrements de montagnes, grottes, forêts ombreuses,
lacs, cascades, neiges éternelles se mêlent, se
croisent, se heurtent, comme pour concentrer
autour du vallon les beautés les plus sauvages
des contrées alpestres.

Je vais passer en revue les sites qui m'ont
plus spécialement frappé dans mes courses aux
montagnes et aux vallées des environs.

CHAPITRE V.

CASTEL-MINIER ET LE CASTERAS ; LEUR DESTRUC-
TION VERS LE XIe SIÈCLE PAR LES ROUTIERS
CATALANS. — JEAN DE MALUS VISITE CES RUINES
EN 1600. — LEURS DERNIERS VESTIGES.

La première excursion, parce qu'elle est la
plus courte, est une visite aux ruines de Castel-
Minier. Après avoir traversé le village on prend
la route de Vicdessos qui fait suite à la grand'rue.
A quelques minutes de là on aperçoit à droite,
sur le bord du gave, au point où finit le vallon,
les restes d'une forge catalane, abandonnée
comme tant d'autres, par suite de la concurrence
des fers étrangers et des hauts fourneaux. Un
peu plus haut commence la région des prairies
qu'on ne quitte plus qu'après demi-heure ou
trois quarts d'heure de marche au pied du
monticule où s'élevait, il y a huit ou neuf siècles,
le village de Casteras et la fonderie de Castel-
Minier. Les personnes qui trouveraient cette
ascension un peu fatigante peuvent se reposer
à l'aise dans la dernière prairie qui borde le
gave où on leur servira du lait d'une fraîcheur
délicieuse. Une dernière montée d'un demi-
quart d'heure vous conduit à Castel-Minier.

Arrivé sur ce petit plateau vous ne pouvez croire qu'un village occupât jadis cet emplacement, car vous n'apercevez que deux ou trois mauvaises granges au milieu de prairies et de champs cultivés, et vous vous demandez si le *cicerone* ne se joue pas de votre crédulité. Telle est du moins l'impression que me produisit ma première visite au Casteras. On est d'autant plus en droit de se croire dupe d'une mystification que, si l'on interroge le guide sur les divers détails qui se rattachent à la disparition de ce village, il ne sait que répondre. Il se contente de dire : ce furent les méchantes gens de Lacave qui surprirent le Casteras pendant la nuit et y mirent le feu. Mais nous possédons un précieux document attestant que les ruines, sinon du village, du moins de l'établissement métallurgique qui en faisait partie, étaient encore debout en l'année 1600, époque à laquelle Jean de Malus, maistre de la Monnoie de Bordeaux, visita ces montagnes par ordre du maréchal d'Ornous, gouverneur de la Guyenne, pour étudier les richesses minéralogiques de la contrée. Mes lecteurs me sauront gré de reproduire ce document, emprunté au livre que Malus publia à son retour et dont un exemplaire, le seul peut-être qui reste, se trouve à la bibliothèque de Bordeaux.

« En la visconté de Couzerans, à une lieue

par dessus le village d'Aulus, y à un chasteau
vieil composé d'une tour carrée fort haute, ayant
neuf grands pas de carré au dedans. Ceste tour
est enfermée d'un costé de fausse braye, au coin
de laquelle y à une tour demy ronde, servant
d'un flanc à deux costés ; du costé de la plus
grande montaigne y à une vieille porte par laquelle on entrait dans la grande fonte, où l'on
fondoit l'or et l'argent. Ce chasteau est appelé
par ceux du pays le Castel-Minié. Il n'y a pas
encore plus de vingt ans, qu'un vieil paysan du
lieu d'Aulus, nomé Galin, trouva dans ceste
fonte un lingot d'argent pesant huit livres, qui
valent seze mares. Quelques autres y ont
trouvé de grands saumons de plomb, pesans
les uns un quintal, les autres plus ou moins.
Auprès de ce chasteau y a un grand et profond
abysme dans lequel s'escoulent les eaux qui
descendent des montaignes. C'est abysme est
appelé par les gens du pays le Pic de la Gruë. Or
dans ceste grande montaigne appelée le Poueg
de Jonas, environnée de deux rivières, de
Parabis ou bein la rivière d'Arcy, et l'autre la
rivière de Garbet, y a plusieurs grands voyages faits pour tirer les mines, ayant les uns
demy lieue destendue, dans la montaigne, les
autres un quart, les aucans trois quarts, quelques-uns une lieue, et les autres une lieue et

demie plus ou moins. Environ une lieue et demye avant vers le somet de ceste montaigne, y
à un trou faict et en forme de puis que ceux du
pays appellent le trou de la barre si profond
qu'il va jusqu'au fond de la montaigne. Et un
autre costé duquel y a un commencement de
voyage, qui s'en va au long d'un rocher de marbre blanc entassé de marcassires d'argent. En
divers endroits de ceste montaigne ont été
trouvés de grands souspiraux, jusques au nombre de neuf, les uns ayant six brasses de lar-
geur, les autres quatre, les autres deux, plus ou
moins, de profondeur de quarante, soixante et
quatre-vingts brasses. Il y à encore de grands
esgouts pour détourner et recepuoir les eaux. Il
s'y est trouvé tout auprès jusques à quatre vingt
sept meules à moudre les mines. A une lieue de
ce chasteau sont les montaignes de Monbias, de
Manturisse, des Argenteris dans lesquelles y a
de grand et vieux voyages faits pour tirer les
mines. On ne sçauroit croire les grands travaux
que les anciens ont fait en ces montaignes, tirant
les mines d'argent, avec une telle et si grande
despence, qu'il n'y a langue qui sçut le dire, ni
plume qui le peut exprimer. Car à vray dire, la
vuë de ces choses si merveilleuses estonne des
bahissements les plus capables et iudicieux;
c'est pourquoi nous les auons baptisées du nom

de mines Royales, ne leur en pouuant donner autres dignes d'elles. Toutes ces montaignes sont abondantes en mines d'or, et d'argent, et de cuivre, de marcassites d'or et d'argent, et de cuivre ; bref ce sont les Indes françaises, et le temps passé l'ont esté des Romains. Le bastiment du chasteau fait voir ouuertement la grandeur de ceste entreprise, l'extrême et incroyable despense qu'on y a fait, le tout digne de la grandeur et magnificence de leur empire. Les habitants du pays tiennent par tradition que le trauail de ces mines a esté continué sinon depuis cinq ou six cens ans, que les Catalans ayans trauersé les montaignes se jettèrent armés de fer et de feu avec telle furie dans le pays de Couzerans bruslans et tuans tout ce qu'ils rencontrèrent, sans pardonner à âge ny à sexe ; qu'il demeura longtemps inhabitable ; qui fut cause que les mines furent abandonnées, et ont esté tousiours du despuis inutiles sans estre travaillées. Toutes ces montaignes et plusieurs autres, ensembles plusieurs forêts et boscages qui sont aux enuirons appartiennent entièrement à sa Magesté. Ce fut dès le dix-septième jour du mois d'Aoust, de l'an mil six-cens jusques au vingt-cinquiesme du même mois, que Monsieur de Malus fits la recherche de ces mines du pays de Couzerans, et montra si résolu, que les rapports pleins d'effroy et de terreur, que les gens du pays lui faisaient des abysmes, qui se font ordinairement en ces vieux voyages, et lui discourait les grands bruits terribles et espouuantables, qui soient souvent dans la montaigne de Poneg et es Gouas ; les esclairs et les tonnerres ne le peuvent destourner d'entrer dans les voyages qui y sont. Moins le peut attester l'appréhention du rencontre des esprits, ayant dire à ces gens-là, que les mines de ceste montaigne estaient charmées, ceins comme un autre chevalier de l'ardente espée se mist en devoir de le décharmer, il n'entra jamais en aucune considération des périls et hazards qu'il courait d'estre déuoré des bestes sauuages, desquelles il y a grand nombre en ces lieux, qui sont déserts et inhabitables, et à fin que la mémoire n'en demeure estainte à la postérité, je me suis délibéré d'escrire quelques-uns des hazards auxquels il s'est opiniatrement exposé contre l'aduis de tous ceux qui l'assistoient. Tandis qu'il fust en Couzerans, à la recherche de ces mines, il fust tousiours assisté du sieur de Poentis, visconte de Couzerans, et d'un grand nombre des gens du pays que le sieur Visconte fit venir auec toutes sortes d'outils et ferrements, pour ouvrir les entrées. Ayant donc recogneu les grands voyages, les canaux pour recouoir les esgouts des eaux, qui

couloient dans les mines, les puis miniers, les
soupiraux et les quatre-vingt-sept meulles à
moudre les mines qui estaient esparses ça et là;
en un endroit dix, en un autre six, en d'autre
quatre, ou plus ou moins. Pour auoir moyen
d'entrer plus aisément dans les voyages, il em-
ploya une partie des ouuriers à l'ouuerture des
canaux et esgouts afin de faire escouler les eaux.
Tandis qu'on faisoit cette ouuerture, et d'un
voyage qui est à trente brasses des esgouts, il
s'en alla accompagé du sieur Visconte et de quelques autres un quart de lieuë vers le haut de la
montaigne reconnaitre un vieux voyage, dé-
couuert trois mois auparauant par un charbonnier, dans lequel il entra accompagné de trois
hommes, tousiours le ventre contre terre tant
le voyage est bas et estroit, plus de cent cinquante brasses de profond, duquel il fut contraint
de sortir auec les trois hommes, qui estoient
entrés avec luy, tous couverts de bouë sans qu'il
eut moien de recongnoistre dedans aucune sorte
de mines, moins aucunes veines, à cause que
l'eau qui tombe dedans s'est congeléc et endur-
cie de tous costés de l'espesseur de trois doigts
pour le moins. Sortant de voir ce voyage il s'en
descendit vers les ouuriers, lesquels à son retour
eurent ouuert et nettoyé un voyage jusques à la
profondeur de quinze degrés seulement, lequel

il fist abandonner voyant qu'il y auait trop de peine à l'ouurir. Toutefois ne se pouuant contenter de ceste recherche, il retourna au Chasteau-Minier auec le sieur Visconte et plusieurs autres ou estant il fist ouurir l'entrée d'un voyage qui est tout auprès du Chasteau ; l'ouuerture estant faite, il entra dedans le voyage, tout botté, pour nestre empesché de le suivre tous par les eaux.

Le sieur Visconte y entra aussi, avec quelques autres, mais comme ils furent quarante brasses de profond dans le voyage, ils commencèrent trestan à ressentir le plus grand et le plus violent froid du monde, et s'estonnans et perdans cœur d'appréhension. Le sieur Visconte s'en retourna avec tous ceux qui demeurèrent pour assister monsieur de Malus. Comme le sieur Visconte fut dehors et ceux qui s'en retournèrent avec luy, les autres, qui n'estoient pas entrés dans le voyage les voyant venir furent tous esbahis de les voïr, car ils semblaient des hommes morts qu'on tire de la sépulture, tant ils estoient blesmes et estonnés.

Mais monsieur de Malus qui ne perdit iamais courage continua tousiours son chemin assisté d'un homme seulement, qui demeura avec luy ; ayant l'eau jusques aux genoux, dans lequel voyage il demeura plus d'une heure et demye

suyuant plusieurs autres voyages qui sont dedans, les uns à la droite, les autres à la gauche ;
dans lequel il remarqua de grands rochers chargés de veines d'argent. Le sieur Visconte et
ceux qui estoient dehors avec luy eurent opinion
qu'il fut mort, ou se fut perdu dedans, dequoy
ils montroient estre fort marris. Monsieur de
Malus pourtant continua si auant son voyage,
qu'il se vint rendre au haut de la montaigne,
où il sortit plus de trois quarts de lieue loing de
l'entrée, non sans beaucoup d'ennuy et fascherie
à cause que l'homme qui l'accompagnoit pensa
mourir trois ou quatre fois dans le dit voyage,
et craignoit de ne l'en pouvoir sortir iamais.
Mais Dieu le favorisa tellement qu'ils sortirent
enfin sains et sauues, et vindrent trouver le
sieur Visconte et les autres, qui l'attendoient à
l'entrée hors d'espérance de le revoir plus, et
leur apporta des pierres de marbre noir, mar-
quetées de vetes d'or et d'argent. »

On voit d'après ce récit que le monticule sur
lequel j'ai conduit le lecteur était jadis occupé
par un établissement métallurgique, en langue
du pays un *Castel-Minier*, d'une certaine importance, où l'on traitait le plomb argentifère. Malus
n'hésite pas à faire remonter cette construction
à l'époque Gallo-Romaine. Sa manière de voir
nous paraît parfaitement juste. Elle se trouve en

effet confirmée par les médailles impériales exhumées à Aulus, lors du captage de la source Darmagnac, par la solidité des murailles qui étaient encore intactes, il y a quelques années, et dont on ne put avoir raison qu'à l'aide de la mine, ce qui attestait un travail de maçonnerie tout romain, enfin par les innombrables galeries qui sillonnent la montagne des deux côtés du gave, indice certain que ces mines étaient exploitées depuis une longue suite de générations. Le maître de la monnaie de Bordeaux, uniquement préoccupé de recherches minéralogiques, ne parle pas du village de Casteras qui se trouvait à côté de Castel-Minier, si ce n'est pour nous apprendre que tout cela fut détruit par une bande de routiers, venus d'au-delà les Pyrénées.

Je vais compléter son récit d'après les renseignements que j'ai recueillis de la bouche des vieillards qui n'ont pas oublié cette lugubre page de l'histoire de leurs aïeux.

Le village comptait 140 feux, c'est-à-dire 140 huttes celtiques rappelant celles que l'on voyait à Aulus, il y a un demi-siècle, lors de la découverte des sources. Il s'étendait en avant de la fonderie et un peu au-dessus. Un petit ruisseau, *et riou del laouzé* (le ruisseau de l'ardoisière), le traversait vers son milieu, avant de se jeter dans le gave, qui coule au pied du monticule. L'emplacement des habitations a été constaté, à diverses reprises, par les travaux de culture ou de défrichement. De chaque côté de ce petit cours d'eau la pioche a rencontré des débris de murs ou de fondations, et on en a retiré une foule d'ustensiles de ménage : marteaux, ciseaux, cuillères, hachettes en fer, etc. M. Anselme Souquet, propriétaire d'une partie de ces terrains, m'a raconté que son aïeul exhuma un jour une paire d'étriers en argent, et une autre fois une madone de bronze de près d'un mètre de haut. Ces objets furent apportés au seigneur d'Ercé, suzerain de la contrée. Des pièces de monnaie ont été également recueillies. Mais toutes mes recherches pour les retrouver sont restées sans résultat. Personne dans le village ne comprenait la valeur archéologique de ces reliques, de sorte qu'elles ont disparu sans laisser de traces.

Le village était habité par une population de mineurs occupés à fouiller la montagne pour en retirer le plomb argentifère. Le minerai, après avoir été bocardé à l'aide des moules de granit qu'on rencontre encore parfois sur les bords du Gave, était apporté à la fonderie où se faisait la coupellation de l'argent. Ces travaux se continuaient depuis des siècles lorsqu'une bande de routiers catalans, séduits sans doute par l'espoir de faire un riche butin dans une usine où l'on fondait l'argent, se rua sur le village et le dévasta. La date précise de cet événement n'est pas connue. Quelques historiens la font remon- ter aux Sarrazins et la placent vers l'an 735, mais elle est notoirement postérieure. Les tradi- tions que j'ai recueillies de la bouche des vieil- lards et qui s'accordent parfaitement avec celles que Malus a consignées dans sa relation, sont formelles à cet égard. Il n'y a pas plus de huit à neuf cents ans que le village de Casteras et la fonderie de Castel-Minier sont détruits. Tous les gens du pays que vous interrogez sur les au- teurs de cette dévastation répondent invariable- ment que ce furent les méchantes gens de Laca- vo, *draï maloï gens dera cavo*. Comme d'autre part nous savons que ces aventuriers venaient d'au-delà les Pyrénées, il est à présumer qu'ils étaient partis d'une localité de la Catalogne ap- pelée la *Cavo*, à moins que ces deux mots ne soient une corruption de *del Cabo* (du chef). C'est donc vers le onzième siècle, à cette époque la- mentable de guerres et de pirateries incessantes qu'il faut faire remonter la disparition de cette co- lonie de mineurs. Les envahisseurs vinrent par la vallée de Viedessos et le port de Coumebière. Les villageois étaient à leurs travaux souterrains, mais comme chacun se trouvait armé d'une pioche, ils fondirent sur les assaillants qui avaient eu l'imprudence de les attaquer en plein jour et les repoussèrent. Revenus peu après, pendant la nuit, les Catalans surprirent cette fois nos pauvres mineurs dans leur sommeil, les massacrèrent en partie et incendièrent le village. Ceux qui purent échapper se réfugièrent à Aulus, qui ne comprenait encore que quelques habitations, et devint, à partir de ce moment, une bourgade d'une certaine importance. Le propriétaire de Castel-Minier, appelé de Rouzès, fut du nombre des victimes. Il avait deux filles. L'une s'esquiva par un souterrain qui aboutissait au bord du gave et gagna la montagne. L'autre, moins heureuse dans sa fuite, fut atteinte à mi-chemin d'Aulus et mutilée par les Catalans qui lui enlevèrent ses bijoux. Elle tomba sur le bord de la route à côté d'un bloc erratique qu'on voit encore, et sur lequel est gravée une croix. Les pâtres qui suivent ce sentier, en compagnie d'un enfant, ne manquent jamais de lui dire, en lui montrant la pierre : C'est ici que fut assassinée Mlle de Rouzès, la fille du seigneur de Castel-Minier. Un symbole religieux taillé dans un roc de granit est le seul document qui nous reste de cette sanglante anecdote du XI° siècle.

La destruction du village de Casteras avait été incomplète, les Catalans s'étant contentés de chasser les habitants et de mettre le feu aux maisons. Les flammes eurent facilement raison des poutres qui soutenaient des toits de chaume, mais les murs étaient encore debouts. Mal construits, à l'exception de la fonderie et de l'église, ils s'effondrèrent, à la longue, sous l'action des vents, des pluies et des neiges, et chaque orage entraînait les débris dans le gave.

Une trombe, qui s'abattit sur ces montagnes, il y a environ deux cents ans, et dont le souvenir s'est conservé dans la mémoire des Aulusiens, acheva l'œuvre de destruction commencée six ou sept siècles auparavant. On était vers la mi-juillet et chacun se trouvait aux champs occupé à arracher le lin. L'heure du dîner approchait et il pouvait être, par conséquent, entre onze heures et midi lorsque l'orage éclata si soudainement que les travailleurs n'eurent pas le temps de ramasser leurs provisions, emportées par l'ouragan. A peine purent-ils regagner le logis. Les bergers qui gardaient les troupeaux sur la montagne d'Ars, au-dessus de la grande cascade, voyant une tempête si épouvantable s'abattre sur le vallon, crurent qu'Aulus était emporté et passèrent la nuit en prières. Le lendemain, quand la pluie eut cessé, c'est-à-dire vers dix heures du matin, ils appelèrent les pâtres d'une des montagnes voisines d'où l'on a vue sur le

village et leur demandèrent si Aulus existait
encore. Oui, répondirent ces derniers, mais le
Casteras a disparu. Le *riou del Laouzé* et deux
autres ruisseaux voisins sans importance étaient
devenus autant de torrents dévastateurs et
avaient entraîné dans le gave ou recouvert de
leurs alluvions les derniers vestiges de l'ancienne colonie de mineurs. Il ne restait debout que
les murs de l'église et la tour de Castel-Minier.
Une épaisse couche de sable et de gravier mas-
qua l'emplacement du village, et bientôt on ne
vit plus sur le monticule qu'une vaste prairie.
Telle est la dernière page de l'histoire de l'antique Aulus.

La tour carrée, qui dominait la fonderie et dont
Malus fait la description, était restée intacte,
grâce à l'épaisseur de ses murs et à la solidité
du ciment. Elle serait encore debout si son
propriétaire n'avait jugé à propos, il y a une
trentaine d'années, de la démolir afin d'en faire
servir les matériaux à la construction d'une
grange qu'il adossa à la face extérieure d'un des
côtés du carré. Ce pan de muraille est tout ce
qui reste aujourd'hui de Castel-Minier. Lors de
la démolition de la tour on trouva, en déblayant
l'intérieur, des poutres carbonisées, témoins
muets et irrécusables de l'incendie du XIe siècle.
Il est à présumer que c'était le pavillon occupé

par la famille Rouzés, et que les autres parties de l'édifice servaient à la fonte du minerai. Les Aulusiens ne parlent jamais de cette tour sans mentionner les deux grosses bombonnes qu'on voyait à l'embrasure d'une fenêtre élevée. Il n'est pas de vieillard qui ne raconte que chaque fois qu'il passait devant Castel-Minier il essoyait, mais sans succès, de les atteindre en leur lançant des pierres. Ce fut un nommé Grantet qui, plus adroit ou plus fort que ses camarades, parvint à les briser il y a une cinquantaine d'années.

L'église était située un peu plus bas que la fonderie et non loin du gave qu'elle dominait. Ses murs épais ont résisté à l'incendie ainsi qu'à l'action du temps et, depuis des siècles, l'édifice est transformé en grange. Plusieurs vieillards m'ont affirmé avoir vu autrefois le bénitier taillé dans un bloc de granit. Suivant toute probabilité les pluies l'ont entraîné dans le gave, et on pourrait peut-être le trouver un peu plus bas, si on se donnait la peine de le chercher. Mais ce serait perdre son temps que de parler d'archéologie aux Aulusiens. Il en est de même des meules qui servaient à bocarder le minerai au temps où florissait Castel-Minier. Malus nous apprend qu'il en restait quatre-vingt-sept de son temps et qu'il les a comptées lui-même échelonnées par petits groupes le long du Garbet. Je crois qu'il serait difficile d'en retrouver une vingtaine aujourd'hui. Encore quelques années et ces derniers vestiges de l'antique colonie minière de Casteras auront disparu. A chaque forte crue du gave, elles sont déplacées et transportées au loin. Ces crues ne sont pas rares à Aulus. Je les ai vues se produire deux fois dans un intervalle de trois ans, le 1er août 1872 et le 23 juin 1875.

Une trombe était tombée la veille et l'avant-veille sur ces montagnes et, le matin, le Garbet ayant emporté tous les ponts de bois menaçait les hôtels et les maisons placés sur ses rives. On entendait des roulements sourds comme des décharges lointaines d'artillerie. C'était le fracas des blocs de granit qui roulaient sous la pression des eaux.

Je terminerai cette excursion à Castel-Minier, en disant que, suivant toute probabilité, les filons de plomb argentifère étaient épuisés lors de la destruction de Casteras. On s'explique ainsi pourquoi les mineurs se fixèrent à Aulus au lieu de reprendre leurs travaux quand la tourmente fut passée. Cette manière de voir est justifiée par ce fait que, depuis un demi-siècle, diverses compagnies, prenant trop à la lettre les hyperboliques descriptions de Malus, ont envoyé des ingénieurs et des ouvriers dans ces monta-gnes afin de rouvrir les anciennes galeries et d'en percer de nouvelles. Ces tentatives n'ont abouti à aucun résultat. Le marquis de Vilepointe, venu sous Louis XVI à la tête d'une petite escouade de mineurs allemands, ne fut pas plus heureux. Aussi ne parle-t-on plus aujourd'hui des mines d'Aulus que pour mémoire.

CHAPITRE VI.

L'ÉTANG DE L'HERS. — L'OURS DE RAMUTCH. — MASSAT. — GROTTES DU KER. — LES DE-MOISELLES.

L'excursion de l'étang de l'Hers est une des plus intéressantes pour les touristes, en quête de pittoresque ; seulement elle est un peu *raide*, comme la plupart des courses à travers la montagne, et les excursionnistes, qui n'ont pas le pied montagnard, feront bien d'enfourcher une monture, fût-ce un simple bidet. Ajoutons que les géologues et les amateurs d'antiquités préhistoriques trouveront plus d'un sujet d'étude.

On sort du village du côté de l'église par un sentier tracé sur le revers de la montagne des isards, en langue du pays le *Kaïzardé*. On trave... se d'abord la zone des terrains cultivés, c'est-à-dire des champs de maïs, de pommes de terre, de seigle ou de sarrazin entrecoupés çà et là de prairies, et l'on aperçoit à quelque distance les maisons du hameau de la Bouche, tapissant le flanc de la vallée. Plus loin commence la région des prairies et on a devant soi le *Pic dé la Laou*

(1), escarpement calcaire qu'il s'agit d'escalader pour atteindre les plateaux de l'Hers. Après avoir franchi le torrent qui sépare la commune d'Ercé de celle d'Aulus, on entre dans les magnifiques bois de *Bertroune* (2). Quand la journée est chaude on éprouve une fraîcheur délicieuse sous les ombrages des hêtres, des frênes et des coudriers. Par delà la forêt et un peu au-dessus, s'ouvre le col de l'avalanche, *le col dé la Laou*, c'est-à-dire le passage qui permet de franchir la crête calcaire qu'on a devant soi.

Arrivés au sommet du col, les voyageurs mettent pied à terre pour laisser souffler leurs bêtes, et jeter un coup d'œil en arrière afin de contempler le magnifique panorama qui est sous leurs yeux. Ce point dominant la contrée permet d'embrasser une grande étendue de pays : à droite, on aperçoit la vallée de Massat, du côté opposé, le vallon d'Aulus, en face se déroule la gorge d'Ercé ; au loin, sur la gauche, apparaissent les prairies et les bois de la vallée d'Ustou, tandis qu'un cirque immense de montagnes fer-

(1) *Pic dé la Laou*, traduction littérale *la cime de l'avalanche*. les avalanches sont, en effet, fréquentes en cet endroit à cause de l'escarpement de la crête.

(2) *Bertroune*, littéralement *Bert Trouno* (la hauteur verte) ; impossible, en effet, de rencontrer des prairies et des pâturages plus verdoyants que sur cette montagne.

me l'horizon de tout côté. Derrière le col s'ouvre un petit vallon d'une demi-heure au plus de parcours ; dès qu'on a franchi l'autre versant on aperçoit à quelques minutes de là un petit bassin d'eau de forme allongée au milieu d'une immense solitude : c'est l'étang de l'Hers (1). L'étang de l'Hers a acquis une certaine notoriété que ne justifient pas au premier abord son peu d'étendue et la physionomie du site qui l'entoure. C'est sur ces bords que Charpentier, le premier géologue qui visita ces montagnes, reconnut, il y a environ un demi-siècle, une espèce d'ophite *suigeneris*, à laquelle il donna le nom de *l'her-zolite* en souvenir du lieu où elle elle était aperçue pour la première fois. Cette pierre, enchâssée dans le calcaire carbonifère, donne par les reflets de ses tons verdâtres une physionomie triste aux eaux de l'étang. Peut-être est-ce à cette cause qu'il faut attribuer la présence d'une assez grande quantité de sangsues qui forment avec quelques grenouilles l'unique faune de l'étang. Tout récemment, le docteur Garrigou a cru reconnaître dans un petit îlot, situé à quelques mè-

(1) *L'étang de l'Hers*, littéralement *le lac de la montagne ;* on disait aussi autrefois *é riou de l'Hers* (le ruisseau de la montagne), pour indiquer les cours d'eaux qui descendent des hauts plateaux, puis on a dit simplement *l'Hers*, ce qui fait que ce mot désigne, suivant les localités, *montagne* ou *rivière.*

tres du bord, les restes d'une habitation lacustre, analogue à celles que l'on a observées il y a quelques années dans les lacs de la Suisse, et qu'il a retrouvées depuis dans d'autres points de la chaîne pyrénéenne. Plusieurs troncs de sapins débarrassés de leurs branches, et disposés parallèlement au fond de l'eau, non loin du petit îlot, donnent malgré l'altitude du lieu une grande vraisemblance à cette hypothèse. Les indigènes de cette époque reculée avaient là leurs stations d'été et allaient prendre leur quartier d'hiver dans les grottes du *Ker* de Massat, qui ne sont pas éloignées de là, et où je vais bientôt conduire mes lecteurs.

L'étang de l'Hers est célèbre dans les traditions du pays par la lutte qu'un pâtre d'Ercé, nommé Ramutch, soutint vers l'année 1829 contre un ours. Ramutch suivait un sentier non loin du ruisseau qui sort de l'étang, tenant à la main une hachette pour aller faire du bois. Tout à coup il rencontre devant lui un ours qui, poursuivi par des chasseurs de Massat, suivait le même sentier. La disposition des lieux était telle que ni l'un ni l'autre ne pouvaient reculer. L'ours, suivant les habitudes de sa race, se dresse aussitôt sur ses pattes de derrière et se dispose à saisir son adversaire ; le pâtre, voyant que l'animal avait reçu plusieurs coups de feu et qu'il paraissait exténué de fatigue, prend courage et accepte la lutte. De la main gauche il saisit la langue du monstre qui sortait pendante de sa gueule, et de la hachette qu'il tenait à la main droite il le frappe à coups redoublés pour lui briser le crâne. Le quadrupède essaie de parer les coups avec une de ses pattes, tandis que de l'autre il laboure l'épaule de Ramutch, et que, retirant sa langue, il menace de lui broyer la main. Ce combat durait depuis près d'un quart d'heure, lorsque par suite, sans doute, des accidents du terrain, les deux champions tombèrent à terre et roulèrent dans les bras l'un de l'autre jusqu'au bord du ruisseau. Là ils se détachent comme d'un commun accord et vont laver leurs blessures à quelques pas l'un de l'autre, s'observant toujours. Cependant l'ours, épuisé par les balles des chasseurs et surtout par les blessures de Ramutch, tombe mort dans le ruisseau. Surviennent alors les chasseurs de Massat, qui, croyant l'avoir tué, réclament la peau ; le pâtre raconte son aventure, montre ses blessures et ce trophée lui est abandonné.

Instruit de cet acte de courage, le préfet de l'Ariège fit accorder une médaille d'argent à Ramutch. Celui-ci s'adjoignant un camarade fit peindre sa lutte avec l'ours, et, tous deux, munis de ce tableau et de la peau de la bête, parcoururent le midi de la France, essayant de se faire un petit pécule en racontant les péripéties du drame. Il est permis de conjecturer que nos deux associés ne firent pas fortune, car, rentrés à Saint-Girons, ne pouvant payer leur dépense, ils laissèrent la peau de l'ours en gage chez Brunet, l'aubergiste, qui en fit une descente de lit. Ramutch racontait qu'il avait été moins terrifié des griffes et des crocs du monstre que de la fascination inexprimable de son regard et des effluves empestées qui s'exhalaient de sa gueule.

Les eaux qui sortent de l'étang de l'Hers se dirigent vers le vallon de Massat ; prenons aussi cette direction pour notre retour, nous trouverons plus d'une intéressante observation à faire.

Les prairies que l'on traverse en suivant la direction du ruisseau rappellent celles que l'on a parcourues le matin : même verdure, mêmes sentiers bordés de coudriers, même paysage entrecoupé de frênes, de hêtres ou de quelques cabanes de bergers.

Après une heure environ de marche on aperçoit Massat (1), capitale de la vallée. Les femmes

(1) *Mas-sat* est une des formes plurielles de *mas* (ferme). Tout village n'est en effet, au début, qu'une réunion de fermes ou de bergeries. On retrouve cette idée dans une foule de localités, telles que *Fos-sat*, *Lus-sat*, forme primitive d'*Ussat*, etc., ou sous une autre forme dans les *Bordes*, les *Cabannes*, les *Plas*, etc.

que l'on rencontre étonnent par l'étrangeté de
leur costume ; la partie la plus curieuse de l'accoutrement est la coiffure, qui consiste en un
morceau de toile blanche dont l'une des pointes
flotte libre au-dessus des épaules. C'est l'antique
costume du Couserans, qu'on ne rencontre guère
plus que dans cette vallée, et qui du reste disparaîtra probablement là aussi avec la génération actuelle. Toute cette population se fait remarquer par un air de vigueur et de santé qui
nous paraît être une conséquence de la vie pastorale et de l'air salubre de ces montagnes.

Massat n'offre rien de curieux ; mais à un kilomètre de la ville, dans la direction de la vallée,
on aperçoit le *Castel-d'Amour*, ancienne forteresse, bâtie sur un monticule, et dont il ne
reste aujourd'hui que les ruines. Le nom donné
par la légende à ce château rappelle le droit le
plus odieux que les hauts barons du moyen âge
exerçaient sur les femmes de leurs vassaux, et
la destruction de l'antique manoir serait due,
d'après la tradition, à la vengeance de la population de la vallée mise un jour à bout par la
brutalité du seigneur. Un peu plus loin sont les
grottes du *Ker* (1). Deux de ces grottes sont célèbres par les richesses préhistoriques qu'on y

______

(1) Littéralement, les grottes de la *montagne*.

a trouvées ; la supérieure appartient à l'âge de
l'ours des cavernes, l'inférieure à l'âge du renne.
C'est dans cette dernière que le docteur Garrigou
fit, il y a quelques années, une découverte qui
intéressa vivement le monde savant. Nous voulons parler d'un schiste sur lequel est gravé, au
trait, l'esquisse de l'ours des cavernes. Ce schiste, grand comme la main, fait partie de la magnifique collection que le docteur Garrigou a
rassemblée à Tarascon et qu'il a donnée derniè-
rement au Musée de Foix.

A quelques kilomètres de là, toujours dans la
même direction, on retrouve la route d'Aulus,
au pont de *Kercabanac* (1). Mais avant de quitter
la vallée de Massat, disons un mot de ces *De-
moiselles* qui firent tant de bruit il y a une cinquantaine d'années. Ceci nous amène à donner
quelques détails sur la vie pastorale.

La vie pastorale est la seule possible dans ces
gorges étroites où l'hiver est si long, les terrains
si inclinés, le sol si rocailleux. En revanche,
d'immenses espaces, formés par les escarpements granitiques ou calcaires qui dominent les
vallées, possèdent d'excellents pâturages pour
les troupeaux. Tel canton frontière a une éten-

(1) **Ker-Cabanac** (rocher-abri), à cause du rocher qui sur-
plomblait jadis la rivière en cet endroit.

due presque aussi considérable que certains arrondissements. Quelques-unes de ces montagnes sont des propriétés particulières ; mais, le plus souvent, elles appartiennent aux communes. Le droit de pacage y est établi de temps immémorial, et toute administration qui chercherait à le restreindre rencontrerait une opposition formidable. Supprimer, en effet, le libre parcours, c'est vouer à la famine la partie la plus énergique des populations pyrénéennes. L'insurrection des *Demoiselles* eut pour cause la promulgation du code forestier, qui eut lieu vers 1827. Ce fut un soulèvement général sur toute la chaîne ; mais nulle part peut-être cette opposition ne se montra aussi sérieuse que dans les montagnes de Massat. Ces forêts, dont on avait la jouissance depuis des milliers d'années, allaient donc être réglementées par des gardes forestiers ! Il faudrait payer des droits dans le patrimoine des ancêtres ! C'en était trop pour ces rudes natures de pâtres ; aussi gendarmes, procureurs et gardes forestiers furent-ils reçus à coups de haches et à coups de fusils.

Pour déjouer les poursuites, les pâtres imaginèrent de se déguiser : ils se noircissaient la figure avec un charbon, coiffaient leur tête d'un bonnet de coton et passaient une chemise par dessus les épaules. C'est de ce singulier accoutrement qu'ils avaient tiré leur nom. Il arriva bientôt que la frayeur grandissant leur renommée, on leur attribua une organisation et une puissance redoutables. Séduits par le pittoresque du costume ou par la terreur qu'ils inspiraient au loin, de jeunes bergers, des enfants de quinze ans, revêtaient aussi la chemise et se montraient dans les bois qui couronnent les hauteurs. Aussitôt les habitants des villages voisins de crier aux *Demoiselles* et de s'enfermer chez eux. D'autrefois, ces menaces étaient sérieuses, et nombre de forêts furent ravagées, plusieurs châteaux incendiés et détruits. On sonnait alors le tocsin dans les communes voisines, la générale battait le rappel au chef-lieu de canton, les gardes nationaux s'assemblaient en hâte et se dirigeaient vers le point attaqué. On échangeait quelques coups de fusils, mais les délinquants s'étaient enfuis à l'approche de la force armée, et quand celle-ci arrivait sur les lieux le désastre était irréparable.

La lutte, commencée aux dernières années de la Restauration, touchait à sa fin, quand la révolution de juillet amena une nouvelle recrudescence. Beaucoup de gens peu au fait des mœurs du pays ont cru voir là une sorte de manifestation politique. Tous les vieillards que j'ai interrogés à ce sujet m'ont affirmé que la résistance

était presque éteinte à cette époque, et que ce
ne fut qu'un accident passager, un contre-coup
de la tourmente révolutionnaire ; quelques exé-
cutions, qui eurent lieu l'année d'après, mirent
fin à cette agitation. Cependant, la mauvaise
humeur de ces populations s'est encore mani-
festée à plusieurs reprises à l'occasion du reboi-
sement. Personne n'ignore que ce sont les pâtres
qui ont déboisé les montagnes, en vue d'augmen-
ter les pacages des troupeaux, et que ce vandalisme a amené les conséquences les plus désas-
treuses pour le pays. En effet, la terre n'étant
plus retenue par les racines des arbres est en..
traînée par les pluies jusqu'au fond de la vallée,
dénudant ainsi et stérilisant d'immenses espaces. Lorsque l'Administration a voulu remédier
au mal en ordonnant de nouvelles plantations,
elle a éprouvé partout la plus vive résistance ,
et l'on a vu, dans certaines communes, chaque
famille déléguer un de ses membres pour aller
arracher les semis qui devaient rendre aux montagnes la robe végétale qu'une imprévoyante
avidité avait détruite.

CHAPITRE VII

PORT DE COUMEBIÈRE. — VALLÉE DE VICDESSOS. — MINES DU RANCIÉ. — LES LÉGENDES DU MONT-VALLIER.

L'excursion dans la vallée de Vicdessos fait partie du programme de tout touriste qui, en quittant Aulus, se rend aux thermes d'Ussat et d'Ax, et qui ne redoute pas les fatigues d'une chevauchée de cinq ou six heures. Ceux qui n'ont pas affaire de ce côté ou qui reculent devant la perspective d'une si longue course se contentent de faire l'excursion du port de Coumebière qui domine la vallée de Vicdessos, et, après avoir contemplé le magnifique horizon qui se déroule devant eux, reprennent le chemin d'Aulus.

Le port de Coumebière (1), qui sert à passer du Couserans dans le comté de Foix, s'aperçoit facilement depuis le vallon d'Aulus, lorsque les montagnes du levant ne sont pas recouvertes par le brouillard. On y va par la route de Castel-Minier; mais on la laisse bientôt pour suivre à

(1) Coumebière, en langue du pays *Coumobiéro* ou *Coumobero*, signifie littéralement *plateau magnifique* ; c'est, en effet, le plus beau plateau des environs d'Aulus.

gauche un sentier qui conduit au cœur de la montagne. On traverse de nombreuses prairies entrecoupées comme toujours de hêtres et de coudriers, et, après une heure et demie environ de marche, on atteint la lisière d'un grand bois de hêtres qu'on coupe dans toute sa longueur. A la sortie du bois commence une immense pelouse qui conduit par une pente assez douce jusqu'au port : c'est le plateau de Coumebière. La crête de roches grisâtres que l'on aperçoit de chaque côté du port marquait la limite de l'ancienne province du Couserans et du domaine des comtes de Foix. L'immense vallée qui s'offre à vos regards, de l'autre côté du port, est la plus célèbre peut-être des Pyrénées par son importance métallurgique. Ce village que vous apercevez en face de vous est Sem, bâti à l'entrée même des mines de fer du Rancié. Plus loin, à droite, vous voyez un second village, Goulier, et un peu plus bas, un troisième, Olbier. Un repli de terrain vous empêche de distinguer Auzat, renommé par ses fromages qui prétendent le disputer à ceux de Roquefort ; à gauche, au bas de la montagne, se trouve, également caché par les accidents du sol, Saleix, premier village qu'on rencontre en suivant le chemin du port ; plus loin enfin, toujours dans la même direction, est Vicdessos, capitale de la vallée.

Ce qui frappe surtout le voyageur qui parcourt la vallée de Vicdessos, c'est l'énergie virile empreinte sur la physionomie des habitants. Cette population de mineurs, de muletiers et de forgerons a puisé, dans le labeur auquel elle est vouée de génération en génération, une rudesse de formes et de manières qu'on ne retrouve plus au même degré dans aucune des vallées du comté de Foix. Deux médailles impériales, l'une de Claude, l'autre de Néron, trouvées dans les galeries du Rancié, attestent qu'il y a plus de 18 siècles que cette mâle population est adonnée aux travaux des mines. Cependant, depuis quelques années, c'est-à-dire depuis la baisse que l'importation des fers étrangers a fait subir aux fers de l'Ariège, la prospérité de la vallée a éprouvé un temps d'arrêt ; sur une vingtaine de forges qu'alimentait la rivière de Vicdessos, deux seulement fonctionnent aujourd'hui ; encore faut-il ajouter que leur besogne se réduit à fabriquer des instruments aratoires qui, grâce à la dureté que leur donne le fer aciéreux du Rancié, l'emportent sur ceux qui viennent de l'étranger. Pour tous les autres ouvrages, ceux-ci sont préférés comme étant plus doux et par suite plus faciles à travailler.

Revenons au port de Coumebière ; ce port était jadis très fréquenté par les muletiers qui faisaient le service entre les deux pays. Ils apportaient à Aulus et dans les vallées voisines le minerai de fer du Rancié, et rapportaient en échange dans le comté de Foix du minerai argentifère et du charbon pour les forges à la catalane si répandues dans la vallée de Vicdessos. Depuis quelques années ce trafic a complètement cessé ; les forges à la catalane ont été abandonnées, et les magnifiques bois de hêtres et de sapins qui, autrefois, couvraient toutes les montagnes du Couserans, sont devenus rares par l'imprévoyance des habitants. On ne rencontre plus aujourd'hui que les troupeaux qui errent dans les vastes pâturages du plateau de Coumebière. Du reste les herbages y sont excellents : la réglisse, l'origan des montagnes, les baies de myrtil y abondent, et les rhododendrons y couvrent de grands espaces. Aussi les excursionnistes ne reviennent-ils jamais de ce plateau sans emporter, comme trophées, d'énormes bouquets de ces fleurs rouges qu'on prendrait de loin pour des bouquets de roses.

A peu de distance du port et sur la partie gauche du plateau se trouvent un assez grand nombre de puits naturels, comme on en voit dans beaucoup de montagnes calcaires ; quelques-unes de ces fissures du sol sont très profondes, à en juger par le temps que met un caillou à arriver au fond. C'est dans ces retraites que les oiseaux qui habitent ces hautes régions viennent, l'hiver, chercher un refuge. Les habitants d'Aulus vont, avec des filets, les y surprendre lorsque la neige n'est pas trop épaisse, et les emportent quelquefois par centaines.

A droite du port, à une demi-heure environ de distance, on aperçoit une avalanche d'énormes rochers, qu'on dirait entassés les uns sur les autres par la main d'un Titan. Nous aurons occasion de rencontrer d'autres avalanches de même genre et de donner l'explication de ce phénomène.

Quand on reprend le chemin d'Aulus, par une belle soirée d'été, on est émerveillé de la beauté du paysage que l'on a sous les yeux. Au fond de la gorge du Garbet, dont on aperçoit toutes les sinuosités, se dessinent les maisons du village et les hôtels qui s'alignent dans le vallon. Tout autour un cadre d'éternelle verdure, et à l'horizon les superbes cimes du Mont-Vallier. On dirait un bloc de montagnes se détachant de la masse des Pyrénées; une d'elles, haute de trois mille mètres, se projette un peu en avant du côté de la France ; c'est celle que l'on désigne plus particulièrement sous le nom de Mont-Vallier. Ses neiges éternelles, la hauteur des escarpements, l'aspect de leurs flancs dénudés par d'immenses précipices, tout concourt pour frapper l'imagination et la plonger dans les rêveries. Les légendes ne manquent pas en effet ; en voici une ou deux.

A quelque distance du col de *Pourtanetch* (1), qu'on traverse pour faire l'ascension du Mont-Vallier, le guide vous fait remarquer un amas de grosses pierres ; vous vous rappelez aussitôt ces traînées de blocs erratiques que l'on rencontre dans toutes les gorges de ces montagnes et qui sont les vestiges des anciens glaciers ou les suites d'un tremblement de terre dont je parlerai plus loin. Mais le guide, plus préoccupé de l'histoire qu'il a à vous raconter que des phénomènes géologiques, se hâte d'ajouter que ces pierres étaient jadis un troupeau de moutons, et, comme preuve de son dire, il montre, en avant du troupeau, un bloc indiquant le berger, et un second en arrière rappelant le chien classique. C'était, en effet, un pâtre qui s'acheminait avec ses bêtes vers la montagne ; il rencontre, chemin faisant, un étranger qui lui adresse la parole, et le dialogue suivant s'établit entre les deux interlocuteurs :

— Où vas-tu, berger ? *Oum bas, pastou ?*

— Conduire mon troupeau sur la montagne.

(1) *Pourtanetch* signifie *petit passage.*

— Il faut ajouter, si Dieu le veut. *Sé Diou ab boou.*

— Qu'il veuille ou non, répliqua d'un ton sec le berger, peu enclin, en vrai pâtre pyrénéen, à prêter l'oreille aux remontrances.

A peine ces irrévérencieuses paroles étaient-elles prononcées, que lui, son troupeau et son chien se trouvaient changés en pierres. L'étranger était un de ces génies que l'on rencontrait autrefois en sentinelle à l'entrée des montagnes et des forêts, pour en défendre l'accès aux téméraires mortels ; et l'on sait que ces divinités bienfaisantes ou bourrues, selon leur caprice, se piquaient peu de professer le pardon des injures.

Si nous continuons l'ascension de la montagne, nous arrivons sur un petit plateau qui domine le pays ; une croix grossièrement taillée dans un schiste est plantée au sommet. Ici la légende s'appuie sur un symbole, et, suivant toute probabilité, est la traduction d'un fait historique.

La civilisation gallo-romaine dominait encore dans le midi de la Gaule, bien que celle-ci eût été déjà traversée par le courant des invasions germaniques, lorsque saint Vallier, premier évêque du Couserans, vint prêcher l'Evangile dans la contrée. Voulant prendre possession du pays, au nom de la foi nouvelle, par un acte solennel, il se fit conduire sur la montagne qui depuis porte son nom, choisit le pic le plus élevé et y dressa cette croix. Le lieu était on ne peut mieux choisi, car, aux belles matinées du solstice, lorsque le brouillard ne voile pas l'horizon, on aperçoit, couchée au milieu des plaines du Languedoc, l'antique *Tolosa*, et l'on distingue jusqu'à ses blanchisseuses accroupies sur les deux rives du fleuve. Cette manière grandiose d'annoncer à une contrée la venue d'un dogme nouveau rappelle Mahomet II entrant vainqueur dans Constantinople, et prenant possession de sa nouvelle capitale, en poussant son cheval dans la basilique de Sainte-Sophie et imprimant sur le portique sa large main d'Osmanli toute ruisselante du sang des infidèles.

CHAPITRE VIII

CASCADE DU GARBÉTOU. — L'ÉCLUSE DE TARIOL. LAC DU GARBET. — L'AVALANCHE DE PIERRES. LE POUETCH.

De tous les lacs qu'on va visiter sur les montagnes, le plus important est sans conteste celui du Garbet. La gorge qu'on remonte dans cette excursion est d'ailleurs riche en cascades et en phénomènes géologiques ; aussi les cavalcades sont-elles fréquentes de ce côté pendant la belle saison.

On prend la route de Castel-Minier que nous connaissons déjà ; à quelque distance de l'ancienne église , transformée aujourd'hui en grange, on rencontre la petite cascade de la Grue, que certaines personnes admirent beaucoup, malgré le peu de hauteur de sa chute. On continue à remonter le gave , sur les bords duquel le guide vous fait remarquer tantôt l'ouverture d'une galerie souterraine, tantôt une de ces meules de granit dont se servaient les anciens mineurs pour bocarder le minerai. Un peu plus loin on entre dans un petit vallon traversé par le Garbet et qui a toutes les apparences d'un ancien lac desséché. En face se dessine la belle cascade du Garbétou ; après avoir traversé le vallon et franchi l'escarpement qui le domine, on se trouve sur un plateau au bord d'un petit lac, le Garbétou. On chemine encore pendant une heure sur les bords du gave, qu'on franchit en enjambant deux ou trois pierres, et on se trouve enfin devant une dernière cascade plus petite que la précédente et qui sort directement du lac du Garbet ; on est au terme de l'excursion.

Si l'on examine attentivement cette cascade quand les eaux sont basses, on remarque quelques vestiges de maçonnerie. La tradition nous apprend, en effet, qu'il y a environ trois siècles et demi, un nommé Tariol, dont la famille existe encore, avait bâti une écluse en cet endroit pour retenir les eaux du lac. Ce personnage paraît avoir joué un rôle assez important dans le pays, pour que nous essayions d'esquisser sa physionomie.

Tariol était le plus riche bourgeois d'Aulus, le *seigneur*, comme on disait à cette époque. Il avait droit de porter épée et montrait un certain esprit d'initiative qui achevait de le mettre au-dessus de ses compatriotes. Ayant eu occasion d'aller à Toulouse, il avait remarqué que les bois de construction étaient rares dans la plaine, tandis qu'ils abondaient sur les montagnes, et conçut le projet d'exploiter cette industrie sur une grande échelle. Il débuta par construire les écluses du lac de Garbet. Puis il abattait un certain nombre d'arbres dans les forêts qui couvraient la vallée d'Ercé ou les vallées voisines, et les faisait rouler, après les avoir débarrassés de leurs branches, jusqu'à Vic, au confluent du Garbet et du Salat. Quand son radeau était prêt, il fermait les écluses et ne les ouvrait que trois jours après : l'eau du lac, ainsi accumulée pendant trois jours et trois nuits, s'échappait en avalanches irrésistibles et apportait un tel volume d'eau au Salat, que cette rivière entraînait le radeau jusqu'à la Garonne, d'où Tariol le dirigeait sur Toulouse.

Tariol avait aussi le goût des beaux-arts. Dans ses voyages au Languedoc, il avait pu comparer les élégantes maisons des riches habitants de la plaine avec les huttes de son village, et il voulut lui aussi se donner le luxe d'un logement confortable. L'habitation qu'il fit construire existe encore, et l'inscription qu'on lit au-dessus de la porte nous apprend qu'elle fut bâtie en 1528. On dit encore aujourd'hui que ce fut la première maison construite dans le pays ; ce fait est exact, toutes les autres demeures n'étant alors que des granges (1).

(1) Cette maison a perdu, par suite de réparations récentes, le cachet d'originalité que lui avait donné Tariol ; ce n'est plus aujourd'hui qu'une habitation de paysan.

Derrière cette maison on voit encore les ruines d'une ancienne construction de forme rectangulaire, appelée *Castetch de Tariol* (le château de Tariol). C'était l'ancienne demeure du seigneur d'Aulus, qu'il abandonna dès qu'il eut fait construire sa nouvelle résidence. La tradition ajoute qu'il ne fut pas heureux dans son entreprise d'exploitation des bois et qu'il y perdit la plus grande partie de sa fortune. Une telle entreprise ne pouvait, en effet, réussir qu'à la condition de canaliser le Salat, et on se figure sans peine les difficultés d'un pareil travail.

Encore un mot sur Tariol.

J'ai dit qu'il portait épée. Cette épée s'est longtemps conservée dans la famille ; mais, il y a quelques années, ses descendants, jugeant inutile de garder plus longtemps cette relique, la découpèrent pour en faire des clous. *Sic transit gloria mundi.*

Revenons au lac de Garbet.

Taine, voulant décrire le lac de Gaube (1), ne craint pas, dans son lyrisme, d'en faire le miroir de Diane, « la vierge chasseresse et sauvage. » Que serait-ce s'il eût visité le lac du Garbet !

_____

(1) Il n'est pas inutile de faire observer que ces mots, *l'estang del Gaubé* et *l'estang del Garbel*, par lesquels les gens du pays désignent ces deux lacs, sont synonymes et signifient le *réservoir du gave*, c'est-à-dire le *réservoir* de la rivière.

Ce lac, le plus élevé de tous ceux qu'on rencontre aux environs d'Aulus, en est aussi le plus pittoresque. La vaste nappe d'eau forme un ovale assez régulier, autour duquel règne le plus profond silence. Deux hôtes mystérieux, l'ours et l'isard, sont les seuls êtres vivants qui hantent ces solitudes ; la truite elle-même, qui s'aventure jusqu'à la limite des neiges éternelles, ne peut vivre dans ces eaux noires et stériles. D'énormes glaciers tapissent le cirque de granit qui forme la ceinture du bassin et se reflètent immobiles dans le lac ; quand la brise vient animer cette surface, on dirait une évocation de fantômes s'agitant dans leurs linceuls.

Je conseillerai aux touristes, qui ne reculent pas devant la fatigue, de rentrer à Aulus, en longeant le *Pouetch* (1). Après avoir dépassé le *Garbétou*, c'est-à-dire l'étang à demi desséché, d'où sort la cascade de même nom, on s'enfonce dans un labyrinthe de blocs de granit entassés les uns sur les autres comme un troupeau de monstres antédiluviens. On dirait que les crêtes qui couronnent les hauteurs voisines se sont effondrées à la suite d'une convulsion du sol, et ont peuplé de leurs débris ces vastes solitudes. Les arêtes saillantes des quartiers de roches

(1) *Pouetch* signifie montagne.

indiquent que ce phénomène géologique, au lieu d'appartenir à l'époque glacière, est d'une date presque récente ; car si les anciens glaciers, qui ont jadis sillonné tous les contreforts des Pyrénées, et ont laissé des traces encore visibles de leur passage, eussent existé à l'époque où ces énormes blocs se sont précipités en avalanches immenses dans l'escarpement où nous les voyons aujourd'hui, ils les eussent entraînés jusqu'au bas de la montagne pour les déposer au fond de la vallée ; et les arêtes de ces pierres, s'usant par le frottement d'un si long transport, nous ne verrions que des pierres arrondies et moutonnées, recouvertes de boues glacières , comme celles qu'on rencontre à Aulus et dans toutes les vallées situées aux pieds des Pyrénées.

Après avoir franchi ce chaos, on retrouve les bois et les pâturages. Les fraises, les framboises, et surtout les baies de myrtil, si connues dans le pays sous le nom d'*abajous*, et dont l'ours est si friand, sont très abondantes sur ces hauteurs ; en certains endroits elles recouvrent des espaces immenses. Cette petite baie noire, ou plutôt bleuâtre, possède une liqueur légèrement acide d'un goût exquis ; c'est, pour le voyageur perdu dans ces montagnes, une boisson des plus rafraîchissantes et des plus agréables. Dans certaines contrées, on a essayé d'en faire du vin à l'époque où l'oïdium ravageait la vigne. Le résultat n'a pas répondu à l'attente. La liqueur qu'on obtenait était d'une limpidité parfaite, mais sans force. En revanche, on peut préparer avec ce fruit d'excellentes confitures.

Ici, il n'y a guère que la chèvre et l'isard qui en profitent, et c'est grand dommage.

Au-dessous de la région des bois et des myrtils, on rencontre des prairies qui descendent jusqu'au gave. Un petit sentier conduit à un pont de bois, et l'on retrouve à quelques pas de là, de l'autre côté du gave, la route de Castel-Minier que l'on a suivie le matin.

Le Pouetch était jadis le repaire favori de toutes les bêtes fauves qui vivent dans ces montagnes. Les nombreuses galeries creusées par les anciens mineurs de Castel-Minier, pour extraire le plomb argentifère, étaient devenues autant de retraites que se disputaient l'ours, le loup, le renard, le chat sauvage et un animal devenu fort rare depuis quelques années, que les gens du pays désignent sous le nom de *gat-loup* (chat-loup), et qui me paraît être le loup-cervier. Le coq de bruyère et la perdrix grise se rencontraient également dans les belles sapinières qui couronnent ces hauteurs. L'ours et le *gat-loup* ne se montrent aujourd'hui que par accident ; cependant des pâtres prétendent avoir vu quelquefois ce dernier sortir des petites grottes que forment les blocs de granit dont j'ai parlé en parcourant l'avalanche de pierres. On peut en dire autant du chat sauvage ; la perdrix grise et le coq de bruyère sont devenus également très rares, et leur disparition ne peut s'expliquer que par le déboisement, car le chasseur est encore inconnu à Aulus. C'est tout au plus si on trouverait dans le village quelque vieux fusil à silex, dont il serait imprudent de se servir. L'arme des vieux montagnards était la fronde, et la génération actuelle ne s'est pas encore familiarisée avec le fusil de chasse. Du reste, cette occupation paraît incompatible avec les mœurs pastorales, puisqu'elle est inconnue dans le village. Si l'hiver on voit quelquefois des jeunes gens forcer le lièvre à la piste, c'est qu'ils appartiennent à la partie industrielle de la population et qu'ils sont presque tous étrangers. Pour se débarrasser des hôtes malfaisants, comme le loup et le renard qui naguère encore faisaient quelques ravages, on a eu recours à la strychnine. C'est, paraît-il, le moyen le plus simple et le plus sûr. Une pincée de ce terrible poison, déposée dans un lambeau de viande, suffit pour foudroyer en quelques secondes l'animal qui s'est laissé amorcer par l'appât. Cependant, malgré l'emploi de ce puissant agent de des-

truction, le loup tient bon encore, et les longues nuits d'hiver il continue à descendre de
ses retraites inaccessibles du Pouetch, pour venir
faire ripaille sur les bords du gave, ou des petits
ruisseaux du vallon, avec les débris qu'y laissent
les ménagères en lavant les intestins des co-
chons. On sait que chaque famille élève un de
ces animaux, seule viande de boucherie du pays,
et c'est l'époque où l'on immole la victime qui
doit assurer les provisions de l'année.

CHAPITRE IX

CASCADE D'ARS. — LES LACS. — PORT DE SOUNOU, TABASCAN. — LAC DE GUZET.

La cascade d'Ars (1) est, je ne crains pas de le dire, une des plus belles et des plus imposantes des Pyrénées. Sa hauteur, mesurée par M. Boisgiraud, de la Faculté des sciences de Toulouse, est d'environ 110 mètres. On la distingue sans peine dès qu'on entre dans le vallon. Un sentier, de facile accès pour les cavaliers et les piétons, conduit jusqu'au pied de l'escarpement; c'est ce qu'on appelle la route d'Espagne. Quand on a franchi le gave sur un pont de bois, on traverse les prairies qui bordent le ruisseau sorti de la cascade, et, après une demi-heure de chemin, on rencontre à droite, sur le bord du sentier, une galerie abandonnée. On y distingue encore les poutres placées jadis par les mineurs pour éviter les effondrements de la voûte. Ces anciennes galeries ne sont pas rares aux environs d'Aulus. A cette distance, on aperçoit déjà la cascade dans toute sa splendeur, et, si le

______

(1) Ars dérive de *Hars* ou *Hartz* qui, comme sa variante *Hers*, signifiait autrefois *Montagne*. La cascade d'Ars signifie donc littéralement la cascade de la *Montagne*.

temps est calme, une oreille attentive peut saisir un bruit qui n'est autre que le fracas de la chute. Un peu plus loin on passe sur un second pont de bois, et la montée, jusque-là insensible, devient un peu plus pénible. On traverse des pâturages où paissent çà et là des vaches suivies de leurs jeunes veaux. Cependant le bruit redouble d'intensité, et, après une dernière montée, on se trouve au pied de l'escarpement, en face de la cascade, qui vous enveloppe d'une buée invisible...

Arrêtons-nous un instant pour l'examiner plus à l'aise.

Le gave, descendu des lacs et des glaciers des hautes cimes, arrive au sommet de la crête, serré, rapide, et, d'un bond, s'élance au bas de la montagne ; on dirait une immense colonne de cristal tournoyant sur elle-même et prête à se briser dans l'abîme. A quelque distance du sol, une des assises du roc s'avance au-devant de la chute et fait jaillir des myriades de petits filets argentés, qui semblent se jouer sur la surface de l'immense plate-forme. L'eau, brusquement arrêtée, hésite un moment comme pour reprendre haleine, puis retombe en nappe splendide sur le lit que les siècles lui ont creusé dans le schiste. Le choc de ces masses ébranle l'air et vous donne comme le vertige ; une poussière humide fouette votre visage, tandis que le gave, reprenant sa course, s'échappe, plein de soubresauts et d'écume à travers les rochers qui jonchent le pied de la cascade et disparait au fond du val.

Si la journée n'est pas trop avancée, escaladez la montagne ; un spectacle non moins grandiose vous dédommagera de vos fatigues. Jamais site plus sauvage que cet encaissement de roches grisâtres qui se pressent et se tordent, comme dans les convulsions d'une agonie terrible ; on dirait la charpente entr'ouverte d'un Titan foudroyé. Quatre petits lacs (1), étagés aux diverses hauteurs, reflètent dans leurs eaux noires les

(1) Le premier de ces lacs est le lac de *Cabanas*, ainsi nommé à cause d'un énorme rocher qui sert d'abri aux pâtres et aux douaniers les jours de pluie ; le second, le lac *de las Touétos* (lac des Abris), explique son nom de la même façon que le précédent ; le troisième, le plus grand de tous, est le lac de l'*Ille*, à cause d'un ilot qui se forme sur ces bords quand les eaux sont basses ; le quatrième est le lac de la *Laouzo* ; il tire son nom de la pierre, en langue du pays, *Laouzo*, qu'on voit sur une partie de sa rive. Ces lacs sont très poissonneux. Les touristes se demandent d'où viennent les truites qui les peuplent, et comment ces animaux peuvent vivre l'hiver sous l'épaisse couche de glace qui les recouvre. La réponse est bien simple. La cascade est d'époque géologique récente, et, avant l'exhaussement de cette partie de la montagne, les eaux des étangs communiquaient librement avec celles du vallon. Quant à la glace qui recouvre les lacs pendant l'hiver, elle sert d'écran aux poissons, qui se trouvent ainsi abrités contre les rigueurs d'un froid sibérien, de sorte qu'ils conservent au fond de l'eau une température à peu près uniforme.

nuages qui courent dans l'espace et les glaciers accrochés aux flancs de la muraille de granit ; le vent, qui s'engouffre dans ces précipices, les remplit d'harmonies sinistres. Après deux heures de marche à travers d'énormes blocs de roches croulantes, antiques débris de la montagne, vous arrivez enfin devant une faille gigantesque, taillée par la main de la nature dans la crête granitique : c'est le port de *Saunou*, c'est-à-dire le passage qui permet de pénétrer en Espagne. Un autre passage moins fréquenté, appelé port de *Guillou* (1), se trouve un peu plus loin vers l'Est ; plus loin encore, et dans la même direction, on voit un troisième port dont l'escarpement est rarement accessible.

Dès que vous avez franchi le port, vous êtes en pleine Catalogne ; le sentier que vous suivez descend, à travers d'immenses pâturages, jusqu'à *Tabascan*, premier village espagnol, qu'on rencontre au pied de la montagne. C'est encore une chevauchée de trois heures.

Tabascan n'est qu'un misérable hameau, rappelant en certains points l'ancien Aulus. Avant 89, ce village était d'une grande importance pour les Aulusiens. Les habitants des deux vallons avaient des relations beaucoup plus fré-

(1) Guillou, montagne de l'Aigle, du mont Guilo (Aigle).

quentes qu'aujourd'hui. Les pâturages du versant espagnol étant plus abondants que ceux du versant français, la commune de *Tabascan* louait une partie de ses montagnes à la commune d'Aulus. Aulus ayant prêté , je ne sais à quelle occasion, une somme de quinze cents livres à *Tabascan*, il fut convenu que l'intérêt de cette somme servirait à payer la location des montagnes. Les habitants d'Aulus, ayant ainsi le droit de faire paître gratuitement leurs troupeaux dans les riches pâturages du versant espagnol, usaient largement de cette liberté. Aussi voyait-on à cette époque beaucoup plus de bêtes à cornes qu'aujourd'hui. Depuis que les Aulusiens sont obligés de payer un droit par chaque tête de bétail, les relations avec la commune de *Tabascan* sont devenues moins fréquentes, et à l'heure qu'il est, on ne rencontre que très peu de bergers français sur les montagnes espagnoles. Bien que le sol soit le même des deux côtés de la chaîne, il est cependant à remarquer que la viande des troupeaux, élevés au milieu des pâturages du versant catalan, a une saveur que n'a pas celle des troupeaux du versant français. Les bouchers d'Aulus reconnaissent la provenance des bêtes qu'ils tuent, aux seules émanations du sang. Le sang d'origine espagnole a une espèce d'arome *sui generis*. On peut en dire autant des fromages ; ceux qui viennent des montagnes de Tabascan sont plus estimés que ceux que l'on fabrique aux environs d'Aulus. Cela tient à la qualité des pâturages, c'est-à-dire à la prédominance de certaines plantes aromatiques, telles que la réglisse, le thym, l'origan, etc., etc. Cette différence dans la flore des deux versants doit être attribuée à l'exposition du sol, qui, d'une part, est fécondé presque sans interruption, par les chaudes effluves du soleil de l'Espagne, tandis que de l'autre côté, il reste, la plus grande partie de l'année, couvert d'un épais manteau de neige. On peut faire une autre remarque en parcourant les gorges qui conduisent à Tabascan. Les montagnes n'ont pas été dénudées comme chez nous, et l'on retrouve ces belles sapinières si rares aujourd'hui dans les Pyrénées françaises ; ce sont de véritables forêts vierges où viennent se réfugier toutes les bêtes fauves et tout le gibier qui ne trouvent plus de retraites chez nous. Ajoutons à l'adresse des disciples de saint Hubert, qui seraient tentés de faire une visite aux hôtes de ces solitudes, qu'ils auront à passer une nuit ou deux dans les cabanes des bergers espagnols et qu'ils devront se munir, s'ils tiennent à leur épiderme, d'une haute dose d'insecticide.

Revenons au port de Sounou.

Ce col, presque aussi élevé que celui de Venasque, derrière Luchon, est inaccessible une grande partie de l'année. Une épaisse couche de neige et de glace recouvre tout le versant septentrional de la montagne, et les plus hardis contrebandiers y regarderaient à deux fois avant de se risquer dans un pareil passage, bien que dans les endroits les plus difficiles la route soit jalonnée par de grandes pierres fixées debout comme des pans de murailles. Même au fort de l'été cette gorge est difficilement praticable pour les personnes qui n'ont pas l'habitude des excursions aux montagnes, et je conseillerai aux touristes qui ont fait l'ascension du port, en remontant la cascade, de prendre, pour rentrer à Aulus, le chemin qui conduit au petit lac de Guzet.

Cette nouvelle route est tout aussi pittoresque que la première, et les pentes sont un peu plus douces ; pour prendre cette direction on tourne à gauche, c'est-à-dire vers le couchant. On passe devant la montagne de *Mounrouch* (1), qu'on laisse à droite, et l'on rencontre bientôt des pâturages verdoyants au milieu desquels paissent quelques troupeaux de vaches et de brebis ;

---

(1) *Mounrouch*, dont la traduction littérale est *montagne rouge*, est ainsi nommée à cause de la couleur ocreuse que l'on remarque sur certaines roches au bas de la montagne.

on descend ainsi insensiblement sur un petit plateau d'où l'on aperçoit l'étang de Guzet ; ce petit lac, d'une forme très régulière, est le plus rapproché d'Aulus. Les personnes qui ont l'habitude de la marche vont le visiter en partant directement du village et reviennent dans l'espace de deux ou trois heures. Il est situé au delà de la colline qui s'élève derrière les sources thermales. Le cadre qui entoure le lac est des plus pittoresques ; on voit se refléter dans ses eaux paisibles les sapins qui bordent ses rives. D'autres sapins, arrachés aux flancs de la montagne par les avalanches du printemps, tapissent le fond du lac où ils forment comme une végétation sous-marine. Ces massifs d'ombre et de verdure, tamisés par le miroir des eaux, produisent les illusions les plus étranges ; on croirait voir les grottes des Néréides au milieu des algues de l'Océan. Mais il est temps de quitter ce ravissant tableau. Six heures sonnent, les cloches des hôtels appellent les promeneurs ; vous regagnez le monticule des thermes d'où vous dominez tout le vallon. A gauche, le soleil, se couchant derrière la *Capetto*, dessine des ombres de plus en plus grandes à travers les prairies qui sont à vos pieds ; à droite, des colonnes de fumée, s'élevant des toits du village, indiquent que les ménagères préparent le repas du soir. Vous vous croyez dans un paysage du Latium et vous descendez la colline en répétant ces vers que l'auteur des *Bucoliques* mettait, à la même heure, dans la bouche de ses bergers :

Et jam summa procul villarum culmina fumant
Majoresque cadunt altis de montibus umbræ.

CHAPITRE X

GORGE DE FOUILLET. — LAC D'AOUBÉ. — LES
GOUTTES ROUGES. — LES CASCADES.

Le lac d'Aoubé (1) est le dernier terme de
cette longue gorge, qui commence au pied de
la colline où se trouve la buvette, à quelques
minutes à peine de cet établissement, et qui se
termine au pic de Mède, au sommet de la crête.
Un gave appelé le Fouillet, du nom de la gorge
qu'il parcourt, s'échappe du lac à travers les
roches croulantes qui bordent cette sombre
nappe d'eau, et vient, après mille soubresauts
formant autant de petites cascades, se jeter dans
le gave d'Aulus, un peu au-dessous du village.
De loin, on dirait une immense traînée blanchâ-
tre, ou, si l'on aime mieux, un long ruban
d'écume labourant de ses replis les flancs de la
montagne.

Pour faire l'ascension du lac, on prend le
sentier tracé à mi-colline, derrière les thermes,
et on entre bientôt dans la gorge de *Fouillet*.
On traverse d'abord la région des prairies qui
bordent la rive droite du gave. Un tertre coni-

(1) *Lac d'Aoubé*, traduction littérale, *lac du ravin*.

que assez régulier, qu'on aperçoit au fond de l'étroit vallon, attire l'attention. Est-ce un tumulus? N'est-ce pas plutôt un rocher détaché de la montagne et recouvert de gazon? Un peu plus haut commence la région des pâturages. A peine y est-on entré, qu'on se trouve en face d'énormes blocs de granit à demi enfouis dans le sol, et rappelant les moraines des anciens glaciers. Les habitants du pays les désignent sous le nom de *escalos dé Bazech* (escalier de Basech). Ces escaliers franchis, on rencontre, à droite, un petit pont de bois jeté sur le gave. En face, à plus d'un kilomètre de là, s'étale une assez belle cascade, et plus haut, au sommet de la crête, au milieu des cimes plus petites, apparaît le pic de Mède (1). C'est au pied de cette montagne que dort le lac d'Aoubé.

L'escarpement qu'on doit gravir pour atteindre ce point est des plus abruptes; il faut avoir le pied montagnard, le jarret solide et un guide surtout pour la descente, car il serait difficile à un étranger de se tirer d'affaire, au milieu de ces rochers où l'on n'aperçoit aucune route tracée. Cependant, après deux heures de marche, on arrive sur le petit plateau que termine le lac. On est tout d'abord surpris de son peu d'étendue.

(1) Le pic de *Mède* signifie pic du *milieu*.

C'est un petit bassin circulaire, d'une régularité presque géométrique ; on dirait un gigantesque bénitier taillé dans le granit par la main d'un Titan. L'eau noire, jusque sur les bords, accuse une grande profondeur et rappelle le cratère d'un ancien volcan. Des bruits sourds, qui défraient souvent les conversations des pâtres, dans les veillées d'hiver, grondent autour du bassin, comme le roulement d'un tonnerre souterrain. En écoutant attentivement on reconnaît que ce phénomène a pour cause le passage de l'eau dans les cavernes que forment les roches entassées aux abords du lac.

Le plateau n'a rien de remarquable, si ce n'est son point de vue qui embrasse toute la gorge de Fouillets. Les pâturages sont maigres sur ce sol granitique où abonde cependant une charmante papilionacée qui étale au soleil sa corolle blanche tintée de violet : c'est la réglisse, la nourriture favorite de l'isard. Inutile d'ajouter que la descente est aussi pénible que la montée, et que c'est avec la plus vive satisfaction qu'on retrouve le sentier qui conduit au petit pont de bois jeté sur le gave.

Avant d'arriver à ce pont et de l'autre côté du sentier, on remarque, au-dessus d'un terrain fortement ocreux, une source appelée *érat goutoï roujos* (les gouttes rouges), ainsi nommée du dépôt rougeâtre qu'elle laisse sur son passage. Cette terre ocreuse a été jadis exploitée pour la peinture. Outre qu'elle est chargée de fer, l'eau de la source possède aussi des propriétés analogues à celle de l'eau minérale d'Aulus, mais moins prononcées, si l'on en juge par sa température inférieure de quelques degrés à celle de cette dernière. Au-dessus de *éraï goutoï roujos* on aperçoit un filon de pyrite de cuivre, et plus haut une mine de fer qui s'étend jusqu'au sommet de la crète. L'eau de *éraï goutoï roujos* paraît descendre de ces terrains, et ainsi s'explique la présence des sels métalliques qu'elle renferme. Le minerai de fer a été exploité il y a quelques années ; il est plus riche que le minerai de Ranció, et en même temps plus aciéreux que ce dernier, par suite moins facile à travailler et plus cassant ; en revanche, il est d'une très grande valeur pour les instruments aratoires. Du reste on ne le forgeait qu'en le mélangeant avec un peu de Rancié.

Certaines personnes, après avoir visité la gorge de Fouillet, s'extasient sur le nombre et la magnificence de ses cascades ; d'autres, et c'est le plus grand nombre, prétendent au contraire n'avoir aperçu que de simples filets d'eau indignes de porter ce nom. Essayons de mettre tout ce monde d'accord. Faisons d'abord une remarque qui étonnera sans doute bien des coureurs de lacs et de cascades : c'est que le moment le plus favorable pour certaines excursions est loin d'être, comme on le pense généralement, au fort de la belle saison. On ne se hasarde guère qu'à cette époque, à cause des chemins souvent impraticables le reste de l'année. Jamais d'ailleurs les croupes verdoyantes des monts, l'aspect dénudé des escarpements de granit et les cimes neigeuses perdues à l'horizon n'offrent une telle variété de paysages. Mais si on veut contempler une cascade dans toute sa splendeur, ou pour parler une langue plus précise, lorsqu'elle a atteint son maximum d'effet, il faut choisir le printemps, aux premières fontes des neiges, quand l'eau accourt bouillonnant de toutes les crêtes. Telle chute, qui en avril recouvre un pan de montagne ou tous les gradins d'un cirque, ne donne plus que de maigres filets blancs, en juillet et août, lorsqu'arrivent les touristes. De là le nom de *Madeleines*, que les gens du pays donnent quelquefois à ces chevelures en désordre. J'ajouterai que c'est au cœur de l'hiver qu'il faudrait affronter les Pyrénées, si l'on voulait assister aux spectacles les plus grandioses que puisse offrir un pays de montagnes. De fait, peut-on imaginer rien de plus imposant que l'immense nappe de Gavarnie immobilisée sur place, ne présentant plus à l'œil que des stalactites de glace qui tapissent les étages du cirque, ou la cascade du lac d'Oo, lançant, comme une arche colossale, sa parabole de cristal! Et ces forêts qui, du fond des gorges, ondulent jusqu'aux sommets des crêtes, quel effet sublime ne produisent-elles pas sous leurs vêtements de neige et de givre, lorsque le soleil, les inondant de ses rayons, fait ressortir de chaque arbre une gerbe éblouissante de diamants? L'allure régulière des sapins prête surtout aux illusions les plus étranges. Ces branches également espacées et s'étageant en pyramides, ces tiges droites et aiguës, ces feuilles si finement découpées en aiguilles semblent autant d'éléments géométriques préparés d'avance pour une cristallisation gigantesque. Viennent les frimas, et les broderies les plus capricieuses, les panaches les plus féériques seront aussitôt festonnés au milieu de ces formes végétales. Les grappes de cristaux que le chimiste tire de ses alambics ne sauraient être ni plus nettes, ni plus brillantes. Ici c'est la nature elle-même qui fai sortir ces magnificences de son mystérieux laboratoire, comme si elle voulait montrer que les merveilles de la vie ne sont qu'un jeu pour elle, auprès de son inépuisable fécondité.

CHAPITRE XI

COL DE LA TRAPPE. — VALLÉE D'USTOU. — LA FONT-SAINTE. == LE PONT DE LA TAULE.

La vallée d'Ustou est la plus rapprochée de toutes celles qui avoisinent Aulus, et par conséquent la plus fréquemment visitée. Du reste, elle ne le cède en rien en curiosités de toutes sortes aux autres vallées du Couserans. Pour peu qu'on soit bon marcheur, on peut faire l'aller et le retour sans recourir aux bidets classiques.

On prend l'allée des thermes qu'on laisse à gauche pour suivre un sentier qui conduit, à travers les champs de maïs, à une petite cascade charmante de coquetterie et de fraîcheur ; elle n'est qu'à dix minutes des thermes, et c'est la plus délicieuse promenade que puissent faire, un jour d'été, les personnes qui redoutent les longues marches. Au delà de la cascade commence l'escalier du col de la Trappe, escalier gigantesque, que les pluies, bien plus que les piétons, ont taillé dans les schistes du monticule qui séparent les deux vallées.

Au sommet, se trouve un petit plateau où croissent d'abondants pâturages ; des pâtres préparent leurs fromages autour de leurs granges, et ne manquent pas de vous présenter leur écuelle de lait. C'est une boisson délicieuse sur ces montagnes. Au versant opposé on trouve un autre escalier également taillé dans le roc, moins raide que le premier, mais plus long. Aux dernières marches on rencontre Sérac, premier village de la vallée; à quelques minutes de là est un second village dont le nom *Bielo* (la ville) semblerait indiquer qu'il a joui autrefois d'une certaine importance; deux autres villages, Saint-Lizier et Trein, peu distants des deux premiers et reliés les uns aux autres par une foule de petits hameaux et d'habitations éparses le long des bois, des pâturages et des champs cultivés, donnent au paysage l'aspect le plus riant.

Ustou était jadis renommé par les vertus miraculeuses de *Font-Sainte* (1), que la légende attribue à saint Lizier, ancien évêque du Couserans. Dans les années de sécheresse, on s'y rendait en pèlerinage de tous les points du pays et même de la Catalogne pour prier le saint d'obtenir, par son intercession, la fin du fléau. C'étaient des processions dans le genre de celles

(1) *Font-Sainte*, en langue du pays, *Foun-Santo*, c'est-à-dire fontaine sainte, est le nom donné à la fontaine qui se trouve près de la Chapelle.

qu'on voit à Lourdes et à la Salette. Aujourd'hui les pèlerinages de *Font-Sainte* sont presque complètement oubliés.

Dans les collines calcaires qui ferment la vallée des deux côtés, se trouvent plusieurs grottes visitées par le docteur Garrigou ; ses recherches n'ont pas été sans résultat ; outre des ossements de l'ours des cavernes *(ursus spelœus)*, l'éminent explorateur y a rencontré des traces de l'industrie primitive ; nous citerons entre autres de nombreuses couches superposées de cendres et de charbons et tout autour des myriades de coquilles du genre *Hélix* qui vit encore aujourd'hui dans la contrée. Quelle provende que celle de ces pauvres préhistoriques ?

Au fond de la vallée, au point où le gave d'Ustou se jette dans le Salat, la grande artère du Couserans, on rencontre le pont de la *Taule* (1), nom cher aux géologues depuis que Charpentier, dont j'ai déjà parlé au sujet de l'étang de l'Hers, y découvrit, enclavée dans le calcaire carbonifère, la *Couseranite*, roche bien connue des minéralogistes. Hâtons-nous d'ajouter que les

(1) *Pont de la Taule*, littéralement pont de la Table *(Taoulo)*. Ce nom provient de ce que ce lieu est le point où aboutissent les chemins qui conduisent aux divers ports du haut Couserans ; il avait été désigné autrefois pour percevoir les droits de passage. C'était, en d'autres termes, l'endroit où se tenait la table des registres de la douane.

amateurs de collection qui désireraient se procurer cette pierre, sans faire le voyage d'Ustou, on trouveront de très beaux échantillons sans sortir d'Aulus, dans la carrière qu'on exploite sur la route en aval du village.

Le pont de la Taule est sur la grande route qui conduit de Salau à Saint-Girons. Par conséquent, si vous êtes venu avec de bonnes montures, il est plus court de rentrer par cette voie ; à quatre ou cinq kilomètres de là on retrouve à Oust la route d'Aulus. Mais avant de quitter la vallée, disons un mot sur ses habitants.

Les habitants d'Ustou ont une industrie unique peut-être en France : l'élève de l'ours.

Quelques détails sur ce curieux personnage dont les allures, les mœurs, la force et le courage ont de tout temps excité la curiosité ; encore quelques années, et ce dernier débris de l'antique faune pyrénéenne sera aussi introuvable que son aïeul l'ours des cavernes, dont les formidables mâchoires se rencontrent encore dans la plupart des grottes calcaires qui sillonnent la chaîne. Comme l'isard, il se tient de préférence dans les régions élevées ; il est assez bon diable quand on ne lui cherche pas chicane, et n'a la dent mauvaise qu'au printemps, au sortir de son long carême. Quelquefois, quand l'automne est précoce, il descend de ses retraites, chassé par les neiges. Malheur à lui s'il s'aventure dans les montagnes qui avoisinent les villes de bains ; dès que sa présence est signalée, une bande de chasseurs part à sa rencontre, et il est rare qu'ils n'en viennent pas à bout. Quelques sons rauques simulant une fanfare, tirés d'une corne de bœuf à l'entrée du faubourg, annoncent l'heureuse issue de la lutte : aussitôt la ville entière d'accourir au-devant du monstre, étendu en travers sur le dos d'un cheval et traînant ses énormes pattes des deux côtés de la monture. Pendant que les uns le contemplent, d'autres entourent le chasseur pour retenir à l'avance un morceau de l'animal ; cette vente atteint quelquefois des prix extravagants ; on l'a vu vendre jusqu'à 15 fr. le kilo. Quelle joie, en effet, pour un Parisien, de pouvoir dire, à son retour, qu'il a mangé un beefsteak d'ours des Pyrénées ! Mais que de déceptions dès la première bouchée ! La chair du jeune ourson est encore tolérable et conserve même, au dire des gourmets, quelque chose de l'arome des fraises, des framboises et des baies de myrtil dont il fait sa nourriture ; mais l'ours adulte se surcharge de certaine graisse fétide, qui donne à sa chair, déjà coriace, une odeur repoussante.

Cet animal n'a pas encore complètement disparu des montagnes d'Aulus. — Autrefois, au

dire des vieillards, il venait à l'automne man-
ger leur maïs jusqu'à la porte de leurs maisons ; aujourd'hui on peut encore le rencontrer
à Ustou. Je m'y acheminai un jour de fête, et
je trouvai les gens peu communicatifs ; les uns
dansaient, d'autres préparaient un reposoir pour
la procession ; le moment était mal choisi pour
les faire causer sur un animal dont le nom n'é-
veillait en eux aucune sorte de curiosité. Deux
ou trois d'entre eux, à qui je témoignai le désir
de voir quelqu'une de ces bêtes, me répondirent
qu'il n'y en avait plus dans le bourg. Je remon-
tais assez désappointé l'escalier de la Trappe,
lorsque je fus rejoint par un paysan ; je lui ra-
contai mon aventure et lui fis part de mon étonnement.

« Vous n'êtes pas le premier, me dit-il, à qui
pareille chose arrive ; vous êtes venu dans la
mauvaise saison ; dès que les neiges fondent, les
ours quittent le village pour courir les foires et
ne rentrent qu'après la Toussaint ; c'est pendant
l'hiver qu'il faut les visiter ; vous les voyez alors,
les vieux dans les étables, les jeunes au coin du
foyer, jouant avec les chiens et les enfants. C'est
d'ordinaire toute la fortune d'une maison. Quand
une fille s'établit, elle en prend un en dot ; son
mari le dresse, et dès que son éducation lui paraît suffisante, il l'emmène au loin ; s'il est éco-

nome, s'il a de l'ambition, il achète d'autres bêtes, monte une ménagerie ; quand il se juge assez riche, il vend le tout et revient au pays.

« — Sont-ils difficiles à dresser ?

« — Non, mais il faut s'y prendre de bonne heure ; c'est alors plaisir de voir avec quelle docilité ils obéissent. J'en ai connu un, il y a cinq ou six ans, qui donnait le croc en jambe à son maître aussi bien que le premier hercule venu ; un amateur est arrivé de Bordeaux pour l'acheter ; il en a donné 1,200 fr.

« La nourriture y est aussi pour beaucoup. La viande réveille leurs instincts sauvages ; on ne leur en donne jamais ; ils mangent du pain, du maïs, des pommes de terre ; à l'aide de ce régime, on les assouplit si bien, que, quand ils s'échappent de leur étable et qu'on les rencontre dans le village, personne ne s'en effraye ; on avertit le propriétaire, et l'animal regagne aussitôt le logis. »

— Votre cicerone ne vous a qu'imparfaitement renseigné, me dit le soir un de mes compagnons de voyage à qui je racontais mon excursion ; ces gens-là ne voient que l'allure sournoise et pateline de la bête, ils ignorent tout ce qu'elle cache de profondeur et de science réelle sous son épaisse fourrure. Martin est un philosophe, mais un philosophe morose et taciturne, qui n'aime pas à être dérangé dans ses réflexions ou ses calculs. Je me trouvais, moi deuxième, sur la route de Pau à Oloron, lorsque mon voiturier, m'indiquant du doigt quelque chose de noir qui roulait le long de la montagne et se dirigeait de notre côté, me dit d'un ton bref : Ne bougez pas ou nous sommes perdus. Et, sautant à terre, il saisit aussitôt la bride du cheval. Un instant après la lourde masse s'abattit sur la route, et, déployant successivement une tête et des membres, nous permit d'entrevoir une énorme bête en mesure de gravir la rampe opposée : c'était un ours qui, ayant sans doute affaire de l'autre côté du chemin, avait jugé inutile de se fatiguer à la descente de la montagne. Après avoir mesuré d'un coup d'œil la trajectoire qu'il avait à parcourir, il s'était roulé en boule, la tête entre ses pattes ; puis, confiant dans sa fourrure et dans les lois de la chute des graves, il changeait, par une simple transformation de mouvement, sa corvée en partie de plaisir, et savourait, tranquille, dans ce bercement, les douces rêveries que procure le tic-tac d'un steamer à hélices.

CHAPITRE XII

VALLÉE D'ERCÉ. — LUTTES SÉCULAIRES DES HABITANTS D'ERCÉ ET D'AULUS. — DANSES.

Quittons les hautes gorges, c'est-à-dire les régions des lacs, des cascades, des éboulis de montagnes, et descendons dans la vallée d'Ercé. La nature s'y montre moins sauvage, moins tourmentée, moins rude à l'homme, mais notre excursion ne sera pas sans intérêt.

La vallée d'Ercé n'est, en quelque sorte, que la continuation du vallon d'Aulus, dont elle est séparée par un étranglement d'environ 1,500 mètres, formé par la colline de la *Bouche* (1). Au milieu de cet étranglement se trouve, à droite de la route, la source de *Naou-Pouns* (2) (neuf sources) que les gens du pays prétendent être une dérivation souterraine de l'étang de l'Hers ; très abondante après les jours de pluie, elle tarit quelquefois l'été, à l'époque des grandes chaleurs.

(1) *Bouche*, en langue du pays *Bouycho*, tire son nom de *Bouysh* (buis) arbrisseau très commun en cet endroit.

(2) *Naou-Pouns*, dérivé de *Naou-Phouns* (neuf fontaines). Cette expression est assez commune dans les Pyrénées pour désigner une source très abondante.

Quand on a tourné le hameau de la Bouche
on remarque à gauche, sur les bords du gave,
au milieu d'une petite prairie, un tertre assez
régulier, qui a toutes les apparences d'un *tumulus*, mais qui paraît n'être en réalité qu'une
disposition naturelle de la roche sous-jacente.
La vallée d'Ercé (1) suit, comme le vallon d'Aulus, le cours du Garbet et se trouve traversée
par la route qui conduit à Saint-Girons. De
nombreuses habitations, éparpillées sur les co-
teaux qui dominent la gorge, donnent à cette
petite vallée un aspect des plus pittoresques.
D'énormes blocs de granit qu'on remarque assez
souvent à la surface du sol rappellent que ce
terrain a été fortement travaillé par les forces
géologiques. Il est évident, en effet, que tous
les glaciers descendus de la gorge de *Fouillets*,
du port de *Sounou*, du lac de *Garbet*, du port de
Coumebière ont traversé jadis l'immense ravin
d'Ercé, avant d'aller s'échouer dans la plaine
du Salat ; ces blocs erratiques que nous voyons
aujourd'hui, depuis le lit du gave jusqu'au
sommet de la montagne, sont les témoins muets
de ce long passage.

Le village d'Ercé n'offre rien d'important à
signaler ; mais les luttes séculaires de ses ha-

(1) Ercé dérive, suivant toute probabilité, de *Hers* (montagne).

bitants, avec ceux d'Aulus, sont trop instructives pour que nous les passions sous silence.

Les habitants d'Ercé, n'ayant pas de pâturages pour leurs bestiaux, louèrent il y a environ trois siècles, à la commune d'Aulus, le droit de pacage sur les montagnes du port de Coumebière, moyennant une redevance annuelle de 50 livres d'huile destinée à alimenter la lampe de la petite chapelle d'Aulus. Il arriva bientôt que les bergers de la commune d'Ercé, trouvant les pacages qu'on leur avait cédés insuffisants, conduisirent leurs troupeaux sur les pâturages des bergers d'Aulus. De là des démêlés suivis de rixes et de combats qui engendraient des haines féroces entre les populations des deux communes. Les vieillards se rappellent encore le temps où les gens d'Aulus n'osaient traverser Ercé que pendant la nuit, pour se rendre à Saint-Girons, sous peine d'être assommés à leur passage. Quand une affaire urgente les forçait de partir pendant le jour, ils faisaient un détour et allaient gagner la vallée d'Ustou ou celle de Massat. Mentionnons un de ces combats qui eut lieu, dans les premières années de la révolution de 89, et qui est resté dans le souvenir des habitants d'Aulus.

On était au printemps ; les habitants d'Ercé, réunis en assez grand nombre à la gorge de

Fouillets, coupaient du bois pour la construction de l'église, lorsqu'à leur retour ils furent insultés par quelques pâtres d'Aulus. A cette époque, les bergers ne sortaient jamais sans leurs frondes, de sorte qu'il n'y eut pas loin des menaces aux faits. Se voyant provoqués et se sentant en nombre, les habitants d'Ercé résolurent d'en finir avec le village d'Aulus dont ils n'étaient qu'à une courte distance; ils se dirigèrent aussitôt de ce côté. Les Aulusiens, ignorant ce qui se passait, furent fort surpris de voir cette multitude déboucher de la gorge de Fouillets et marcher en toute hâte vers la passerelle située près de l'Hôtel du Midi, la seule qui existât alors. Le village ne commençait qu'à la maison située sur l'emplacement où se trouve l'Hôtel de l'Europe, et toute la partie du vallon où s'élèvent aujourd'hui les hôtels n'était qu'une prairie entrecoupée de marécages. Cependant on voyait quelques granges un peu au-dessus de la passerelle et le vieil orme séculaire dont j'ai parlé plus haut; c'est derrière ces retranchements que se portèrent les habitants d'Aulus avec leurs frondes pour organiser la résistance.

L'attaque des assaillants fut si brusque qu'ils auraient réussi à surprendre le village sans le courage d'Arnaud Carol. De haute taille et d'une force herculéenne, il arriva au pont au moment où l'extrême avant-garde ennemie commençait à le franchir ; il terrassa les deux ou trois premiers à coups de pierres et fit ainsi reculer les assaillants. Deux femmes, d'une force et d'une énergie extraordinaires, vinrent bientôt à son secours : c'étaient sa sœur, *la Carolle* et *ma Bouno*, la vieille prophétesse dont j'ai parlé au sujet de la source thermale. Elles maniaient la fronde avec une si rare vigueur que les assaillants les prenaient pour des hommes déguisés en femmes. Il est vrai que leur visage fortement accentué et presque barbu leur donnait une physionomie virile. La résistance désespérée d'Arnaud Carol et de nos deux héroïnes avait donné le temps aux Aulusiens d'accourir. Retranchés derrière les granges et derrière l'orme, ils lançaient avec leurs frondes les pierres que leur apportaient les femmes et les enfants. Déconcertés par une telle contenance, les habitants d'Ercé comprirent que le coup était manqué et se décidèrent à se retirer. L'abbé Papy, curé d'Aulus, eut sa canne brisée par une pierre pendant qu'il essayait de parlementer avec les chefs.

Le dernier assassinat qui se soit commis sur ces montagnes remonte au 2 juillet 1824. A l'entrée de la nuit, les habitants du village d'Aulus entendirent un jeune pâtre criant du

haut de la colline qui domine la buvette : *Ajudo!
Ajudo ! ei d'Ercé qu'an aoucit Marmitou* (Au
secours ! au secours ! les gens d'Ercé ont tué
Marmitou). Aussitôt 17 jeunes gens du village,
armés de fourches, de bâtons et de fusils, se
dirigèrent vers la gorge de *Fouillets* sous la conduite du pâtre qui les avait appelés, et rencontrèrent bientôt le corps de l'infortuné Marmitou,
assassiné quelques heures auparavant par des
bergers d'Ercé, à la suite d'une dispute soulevée
par la question des pâturages. Les assassins
avaient jeté le cadavre dans un ravin pour faire
croire que *Marmitou* s'était tué dans sa fuite en
tombant dans un précipice. Nos 17 Aulusiens
s'empressèrent de retirer le corps de la victime
et d'arrêter les assassins, qu'ils allèrent surprendre dans leurs cabanes, situées un peu plus
haut. Le lendemain, le juge de paix du canton
d'Oust vint sur les lieux, accompagné du médecin, pour faire l'enquête obligée. Mais, prévenus
en traversant le village d'Ercé par les habitants
qui, voulant blanchir leurs compatriotes, déna-
turèrent les faits, ces messieurs déclarèrent,
dans leur rapport, que l'infortuné vieillard
s'était fracturé le crâne en tombant dans le
ravin. Un enfant, témoin du meurtre, avait au
contraire déclaré que *Marmitou* était tombé
frappé à la tête d'un coup de bêche. Peu satis-

faits de cette enquête, les habitants d'Aulus, après avoir transporté le cadavre devant la porte de l'église et empêché le vicaire d'Ercé de l'ensevelir, résolurent d'envoyer deux messagers à Saint-Girons pour aller raconter le fait au Procureur du Roi. L'un d'eux était Jean de Massat. Ils traversèrent Ercé au milieu de la nuit et revinrent le lendemain, non sans quelque difficulté lorsqu'ils repassèrent dans ce village. Cependant la fermeté du Procureur du Roi, M. Bardou, qui somma le maire de lui donner une escorte et rendit ce magistrat responsable de tout ce qui pourrait arriver, triompha des mauvaises dispositions des habitants. Le docteur Sentein, amené par le Procureur du Roi, n'hésita pas à reconnaître que la mort de *Marmitou* était le résultat d'un crime, et les deux assassins furent condamnés par la Cour d'assises aux travaux forcés à perpétuité.

En 1835, ce long et interminable procès des pâturages, entre les communes d'Ercé et d'Aulus, fut enfin vidé par un arrêt qui fixa les limites des montagnes que les gens d'Aulus devaient abandonner aux bergers d'Ercé. Aujourd'hui les haines sauvages qui ont si longtemps divisé ces montagnards sont éteintes, et l'on n'entend plus parler que de loin en loin de rixes sans importance. La paix est si bien cimentée entre les deux communes, que l'on voit chaque jour, pendant la saison thermale, les femmes d'Ercé apporter à Aulus les provisions de leur vallée. Je citerai encore, comme preuve irrécusable de la bonne harmonie qui règne aujourd'hui entre les deux vallons, la fête champêtre qui a lieu chaque année dans l'après-midi du dimanche qui suit le 15 août. Je ne puis mieux faire à ce sujet, que de transcrire les lignes suivantes que j'ai publiées, il y a quelques années, dans la *Revue contemporaine.*

Inutile de dire que chez ces robustes natures le plaisir n'est pas moins bruyant que la douleur. Il suffit d'être témoin d'une fête locale pour se rendre compte de tout ce qu'il y a de joie sauvage et d'énergie folle dans ces poitrines de montagnards. Je me dirigeais, certain dimanche d'août, vers la buvette, lorsque j'aperçus les habitués de l'établissement rangés en cercle au milieu de l'allée. Des cris, ou plutôt une rumeur indéfinissable, qui s'élevait par intervalles du groupe, puis cessait tout à coup, me firent songer à une ménagerie. Une espèce de chant monotone, que je distinguais dans les moments de silence, à mesure que j'avançais, me confirmait d'autant mieux dans mon opinion qu'il me semblait reconnaître le rhythme de la danse de l'ours.

Je ne me trompais qu'à demi, c'était les paysans des environs qui remplissaient l'office de Martin, et j'étais loin de perdre au change. Quelle musique ! Quels entrechats ! L'orchestre était représenté par un chalumeau aussi primitif que les pipeaux champêtres, que Théocrite prêtait à ses bergers de Sicile. C'était cependant trop encore pour ces lèvres de pâtres pyrénéens. Les plus alertes se détachaient successivement du groupe, essayaient de tirer quelques notes de l'instrument, et, le déposant aussitôt, improvisaient de leur voix gutturale une suite de *larira* aux intonations les plus divertissantes. Danseurs et danseuses, se tenant par la main, tournaient en cercle à la façon des chevaux de manège, tantôt marchant à la file, tantôt pirouettant sur eux-mêmes. Par intervalle, un cri aigu sortait à la fois de toutes ces poitrines.

Cette vigoureuse note accentuait le chant un peu monotone du chanteur, et lui permettait de reprendre haleine. C'était le chœur de la tragédie antique, mêlant sa grande voix aux paroles de l'acteur. Tout à coup un hourra se fait entendre : un virtuose, suivant le chœur des montagnards, vient de paraître à l'orchestre. Sa tête nue, osseuse, ses traits anguleux, ses narines dilatées, lui donnaient une physionomie des plus expressives. Debout, en manches de chemise, battant la mesure des pieds, des mains, de la tête, suivant des yeux les moindres mouvements de la danse, il semblait communiquer à son auditoire l'entrain, ou, pour mieux dire, la fièvre qui l'agitait. A peine eut-il entonné la chanson de *Jean de la Réoulo*, si chère aux paysans du Couserans, qu'aussitôt hommes et femmes semblent pris de vertige. Les casquettes s'agitent en l'air, les jambes se trémoussent de plus belle, des miaulements de chat sauvage remplacent les cris. Lui se grisait en quelque sorte de ce vacarme, et, arrivé au refrain qu'il allongeait outre mesure, exprimait, par ses gestes et des modulations de sa façon, tout ce qu'il ressentait de joie intérieure au milieu de ce triomphe.

Pendant ce temps, un jeune gars faisait circuler un plat couvert de fleurs des champs, et recueillait les gros sous de l'assistance en vue des rafraîchissements. Quelques instants après, il reparaissait, tenant une gourde de vin qu'il déposait aux pieds du virtuose. Dès que celui-ci sentit que sa verve allait lui faire défaut, il se saisit du broc, et, après quelques vigoureuses gorgées, le passa aux danseurs. Comme il était impossible de satisfaire tout ce monde, beaucoup allèrent se désaltérer à l'eau de la buvette, dédaignant ses propriétés perturbatrices.

Est-il besoin d'ajouter que les choses ne se passent pas toujours d'une façon aussi paisible ? L'année d'avant, les paysans d'Ercé ayant eu quelques démêlés avec les habitants du bourg, ne parlaient de rien moins que de mettre le feu à l'établissement. Un coup de feu se fit entendre, ce qui provoqua de la part des étrangers, simples spectateurs de la fête, un sauve-qui-peut des plus pittoresques à travers les champs de maïs et les collines des environs.

CHAPITRE XIII.

VALLÉE DU SALAT. — SEIX. — VIC. — SAINT-GIRONS. — SAINT-LIZIER. — AUDINAC. — VALLÉE DE CASTILLON. — LES BETMALAISES.

L'esquisse des divers vallons que nous venons de parcourir serait incomplète si je ne disais pas quelques mots de la vallée du Salat que j'ai déjà appelée la grande artère du pays. Comme le fait justement remarquer le docteur Bordes-Pagés dans sa savante notice sur le Couserans, on peut considérer les diverses gorges de cette région comme les nervures secondaires d'une feuille dont le bassin du Salat serait la nervure principale.

La vallée du Salat est traversée dans toute sa longueur par la rivière de même nom, qui commence à Salau, dernier village de l'extrème frontière, et va rejoindre la Garonne au-dessous de Boussens, après un parcours de près de cent kilomètres. La première ville importante qu'on rencontre sur ses bords est Seix, que quelques géographes croient retrouver dans l'itinéraire d'Antonin sous le nom d'*aquæ siccæ* (eaux desséchées). Une remarque du docteur Bordes-Pagés vient donner un certain poids à cette opinion.

Les armoiries de la ville, lisons-nous dans sa notice, portaient deux poissons surmontés de deux clefs. Un de ces quartiers s'appelle en outre *Bagnères*, bien qu'on n'y ait jamais vu de bains de mémoire d'homme ; enfin des eaux minérales ont été découvertes depuis quelques années, à l'autre extrémité de la ville, sur les bords du Salat. Seix devait son importance à sa position qui commande la route d'Espagne par le port de Salau ; on sait que ce passage est le plus accessible et le plus fréquenté de cette partie de la chaîne. C'est aussi devant Seix que viennent aboutir les autres passages du haut Couserans. Le château de la Garde, dont on voit encore aujourd'hui les ruines, dominait jadis cette route. La tradition en attribue la construction à Charlemagne qui, revenant d'Espagne, où il était allé guerroyer contre les Sarrasins, par le port de Salau, fut frappé de l'importance stratégique de ce point. Les habitants de Seix chargés par le même empereur de défendre le passage et tenir garnison dans le château de la Garde, furent dispensés de tout autre impôt et de tout autre service. Ces franchises ont été toujours respectées par les rois de France.

En face de Seix, de l'autre côté du Salat, sur le prolongement de la colline que domine le fort de la Garde, mais sur un mamelon plus élevé, on aperçoit des ruines plus anciennes ; c'était le château de Mirabat (1) bâti probablement lors des premières invasions Germaniques, qui marquèrent la fin de la domination Gallo-romaine. Le nom donné à cette forteresse et sa position élevée qui domine tout le pays, et d'où l'on aperçoit Saint-Lizier, l'ancienne capitale du Couserans, permettent de conjecturer qu'elle était destinée à surveiller les passages, et à indiquer par des signaux l'approche de tout péril venu de la frontière. Ces signaux étaient généralement des feux de nuit.

Seix peut dans quelques années reconquérir une importance plus grande qu'autrefois, grâce aux eaux minérales dont je viens de parler. Ces eaux prises en bains sont d'une douceur que les médecins comparent à celles d'Ussat. Faute d'établissement convenable, elles n'ont été fréquentées jusqu'ici que par les habitants de la ville ; mais le jour où le chemin de fer de Saint-Girons à Salau sera terminé avec embranchement sur Aulus, nul doute que ces eaux n'acquièrent une grande notoriété et ne deviennent en quelque sorte une succursale des thermes d'Aulus, car la distance de ces deux stations n'étant que de dix-huit kilomètres, l'aller et le

(1) Mirabat, forme contractée de *Miro-abal* (regarde en bas).

retour ne seront pour les malades qu'une partie de plaisir.

A un kilomètre de Seix se trouve Oust, petite ville sans importance, au fond de la vallée que traverse le gave d'Aulus, et à quelques minutes en amont de son confluent avec le Salat. Un peu plus loin est Vic qui paraît avoir été l'ancienne capitale de la vallée.. L'intérieur de quelques maisons accuse une certaine grandeur qui n'existe plus aujourd'hui ; l'église paraît remonter au septième siècle, et le cimetière autrefois très vaste était la nécropole de toutes les vallées voisines ; les habitants d'Aulus, eux aussi, y conduisaient leurs morts.

De Vic à Saint-Girons, rien d'intéressant à noter, si ce n'est deux ou trois ruines féodales échelonnées sur les mamelons qui dominent le Salat. Au sortir des montagnes, s'élève sur les deux rives du gave la ville la plus importante de la contrée, Saint-Girons. D'abord simple faubourg de Saint-Lizier, comme l'indique son ancien nom *Bourg-sous-Vic*, elle a depuis longtemps, grâce à sa magnifique position au débouché des hautes vallées du Couserans, enlevé à son ancienne métropole, l'importance que celle-ci possédait autrefois. Il est permis de conjecturer que ce serait bientôt un centre commercial de premier ordre, si le chemin de fer qui doit relier le centre de la France au nord de l'Espagne, par le tunnel du Mont-Vallier, en faisait l'entrepôt de l'Aragon et de nos provinces méridionales. Ses foires sont très suivies par les Catalans, et les touristes curieux de voir des échantillons des divers costumes pyrénéens, tant au delà qu'en deça des monts, n'ont qu'à se rendre ces jours-là au champ de foire.

A quelques minutes de Saint-Girons, sur une colline qui domine le Salat, est Saint-Lizier, ancienne capitale du Couserans (*Civitas Consoranorum*). De nombreuses inscriptions, trouvées sur les pierres qui ont servi à bâtir les remparts et les maisons de la ville actuelle, ainsi que les ruines que l'on rencontre aux alentours, indiquent un haut degré de prospérité à l'époque Gallo-Romaine. Certaines parties de l'église paraissent avoir été construites avec des débris d'édifices antérieurs, peut-être de temples païens. Un Janus, facilement reconnaissable à ses deux faces, se voit encore dans un des jardins de la ville. Aujourd'hui il ne reste de son antique splendeur que l'église et l'ancien évêché, converti en maison d'aliénés.

Il existe aux environs de Saint-Lizier deux petits chemins, probablement deux anciennes voies romaines, qui conduisent à cette ville. L'un s'appelle, en languedocien, *Carré d'Eusk,* (chemin d'Eusk), l'autre, *Carrèro d'Ausko*, (route d'Ausk). Il est dès lors à présumer que le nom de Saint-Lizier, avant la conquête romaine, était Ausko, forme celtique tirée du basque *Eusk*, qui paraît être la dénomination primitive. De *Ausko*, les latins firent *Auskia*, et ce dernier mot, défiguré par les copistes du moyen âge, devint *Austria* qu'on rencontre dans quelques chartes. Dès que les Romains furent maîtres de Toulouse, ils comprirent l'importance stratégique de cette place qui, dominant la vallée du Salat, est la clef de la route la plus directe de Toulouse en Espagne, s'en emparèrent, afin de se mettre en communication avec les armées de la péninsule, et en firent la capitale du Couserans. D'après les savants auteurs du *Couserans ecclésiastique*, cette conquête eut lieu l'an 81 avant notre ère. Au viiie siècle, *Auskia* prit le nom de Saint-Lizier, en souvenir de l'évêque de cette ville, qui s'était attiré l'admiration de ses concitoyens, tant par ses vertus que par sa mâle attitude devant les Sarrasins, lors de leur irruption dans le Couserans.

A l'est de Saint-Lizier, à trois ou quatre kilomètres de Saint-Girons, se trouve une petite station thermale nommée Audinac. Ses eaux ont beaucoup d'analogie avec celles d'Aulus, mais elles sont bien loin d'agir sur l'économie avec la même énergie. Cependant, il y a une trentaine d'années, Audinac avait une assez nombreuse clientèle, mais elle a disparu peu à peu, à mesure que la réputation d'Aulus grandissait. Aujourd'hui on ne rencontre guère sous les ombrages de ce petit vallon que quelques habitants de Saint-Girons qui, ne pouvant se rendre à Aulus, viennent le matin en cabriolet, avaler quelques verres d'eau minérale et rentrent aussitôt chez eux. Hâtons-nous d'ajouter que cet abandon n'est que momentané, et que les petites bourses, redoutant le renchérissement toujours croissant des loyers à Aulus, reviendront sous peu demander une existence plus modeste aux thermes d'Audinac.

Pour compléter cette esquisse du haut Couserans, je dois dire quelques mots de la vallée de Castillon, la partie occidentale de cette ancienne province, qui touche d'un côté à l'Espagne, de l'autre à la Garonne. Pour la visiter nous n'avons qu'à remonter son gave, le Lez, qui se jette dans le Salat, aux portes mêmes de Saint-Girons. Nous y trouverons les gorges, les montagnes, les forêts, les populations pastorales que nous avons rencontrées en parcourant les autres affluents du Salat. Trois petites vallées, Belmale, Bellongue, Biros, (1) débouchant

(1) *Bé-male*, en langue du pays *Be-malo* (vallée sauvage). *Bellongue* (longue vallée), *Biros* (pays montueux) ; ce dernier mot dérive de *Biren* ou *Piren*, forme primitive des Pyrénées.

toutes trois dans celle de Castillon, découpent ce massif montueux. Ajoutons cependant que les paysans de Betmale semblent encore plus vigoureux que ceux des autres montagnes du Couserans, et que les Betmalaises passent pour être les plus belles femmes des Pyrénées. En 1852, lors de la promenade présidentielle qui devait aboutir à ce mot célèbre, *l'empire c'est la paix*, le héros de cette chevauchée, renouvelée des rois Mérovingiens, fit étape à Toulouse. Dans sa visite au Polygone il rencontra sur son passage un char allégorique, occupé par une vingtaine de jeunes gens et de jeunes filles, venus du haut Couserans, avec le costume de leurs anciennes montagnes. Aulus y était représenté par quatre pâtres choisis parmi les gars les plus alertes de la vallée. (1) Quelques-unes de ces femmes excitaient l'attention, autant par leur beauté que par leur mise; on eût dit des Vellédas antiques sur leur char de triomphe. C'étaient les Betmalaises qui, un bouquet à la main, du haut de leur estrade symbolique, donnaient la bienvenue, j'allais dire l'investiture au nouveau César.

(1) On y comptait quatre jeunes gens de la vallée d'Aulus et d'Ercé, quatre de Massat et quatre de Betmale ; les femmes n'étaient qu'au nombre de huit, moitié de Massat et moitié de Betmale, en tout vingt personnes.

CHAPITRE XIV

ROCHES ET MINES DES MONTAGNES D'AULUS. — GROTTES PRÉHISTORIQUES. — BASQUES, CELTES ET IBÈRES. — LE TREMBLEMENT DE TERRE DE 516.

Il n'est guère aujourd'hui de touriste qui ne fasse de la géologie à ses heures. Les environs d'Aulus se prêtent on ne peut mieux à des explorations de ce genre. Les alluvions qui forment le vallon reposent sur le terrain dévonien; les strates de ce terrain s'accusent nettement dès qu'on quitte le village et qu'on remonte soit la gorge de Fouillets, soit celle d'Ars, soit celle du Garbet. Les roches mises à nu au passage des gaves laissent facilement reconnaître la nature de la couche géologique à laquelle elles appartiennent. Un caractère propre à ces montagnes, c'est que le dévonien passe souvent à l'ophite. Ce fait, observé pour la première fois par Charpentier, à l'étang de l'Hers, a été généralisé depuis par d'autres géologues qui ont reconnu des gisements d'ophites sur une foule de points. La gorge d'Ars, peu éloignée du village et d'un accès facile jusqu'au pied de la cascade, permet d'observer aisément ce phénomène ; à peine y est-on entré, qu'on aperçoit la roche dévonienne prendre des teintes verdâtres et passer insensiblement à un ophite très bien caractérisé. Un peu plus loin, on rencontre les schistes Siluriens et Cambriens dont quelques-uns sont exploités pour les ardoises. En remontant plus haut, on trouve le terrain Laurentien qui passe au granit, aux approches de la cascade. A partir de cette région, on ne rencontre plus que cette dernière roche qui forme toute la crête.

En descendant le vallon, le terrain dévonien disparaît sous le calcaire ; cette roche se montre en couches très puissantes, des deux côtés du gave, qu'il accompagne jusques au Salat, et même au delà de la commune de Seix. Sur la rive droite, il remonte jusqu'au port de Coumebière, et passe de là dans la vallée de Vicdessos. C'est sur la moitié environ de son parcours que se trouve *la montagne des isards*, au pied de laquelle est bâti Aulus. Sur la rive gauche, il s'étend jusqu'à Ustou où on le rencontre sur les deux versants de la vallée. Les géologues se sont longtemps mépris sur la nature de cette roche, que l'on considérait généralement comme du calcaire jurassique ; ce n'est que tout récemment, que le docteur Garrigou, l'infatigable explorateur des Pyrénées, a reconnu dans ce terrain tous les caractères du calcaire de Saint-Béat, près de Luchon, si renommé pour ses marbres, et a démontré qu'il appartenait au calcaire carbonifère (1).

Au-dessus du terrain que nous venons de visiter, on rencontre, surtout au bas des vallées, d'immenses traînées de blocs de granit erratique et de boues glacières. Je ne reviendrai pas sur la nature de ces alluvions dont j'ai déjà parlé en parcourant la vallée d'Ercé. J'ajouterai seulement qu'à Aulus la plupart des maisons, surtout celles qui sont situées au haut du village, reposent sur ces blocs de granit qui ont servi naturellement d'encoignures, quelquefois même de seuil pour la porte, ou de pierre pour le foyer. Économie de mortier et de main-d'œuvre.

La plupart des montagnes qui avoisinent Aulus sont très riches en minerais : on y rencontre le fer, le plomb, l'argent, le cuivre, le zinc. Mais le minerai le plus généralement exploité autrefois était le plomb argentifère. On le rencontre dans les trois grands massifs du Couserans : à l'ouest, à Sentein ; au centre, dans la vallée du Salat où il forme plusieurs affleurements ; à l'est, dans la gorge du Garbet, au-

(1) Le docteur Garrigou prépare en ce moment un travail sur cette question du calcaire carbonifère qu'il a observé en divers points des Pyrénées.

dessus d'Aulus. C'est dans cette région que se trouvaient les gisements les plus riches.

Il suffit de parcourir Castel-Minier, dont j'ai déjà parlé, et les mamelons qui lui font suite, les Argentières et la Corre, ainsi que la montagne d'en face, le Pouëch, pour se convaincre de l'abondance du minerai à l'époque de son exploitation, si l'on en juge par le nombre des puits et des galeries qu'on rencontre sur les deux versants du gave. Malus, dont j'ai donné la relation sur les mines de Castel-Minier, appelle cette région les *Indes françaises ;* Diétrich, qui visita les mêmes lieux en 1785, les appelle mines *royales*, et propose à Louis XVI d'établir une fonderie à Oust, au débouché des hautes vallées. En 1847, le ministre des travaux publics, confirmant l'appréciation de Diétrich, écrivait dans le *compte rendu* de son administration (page 97) : « Le village d'Oust est naturellement indiqué comme le lieu de la fonderie centrale qui sera élevée un jour pour traiter les minerais de plomb, de cuivre, de zinc et d'argent, fournis par les nombreuses vallées métallifères, dont les eaux se réunissent en ce point. »

A Castel-Minier, la galène renferme jusqu'à 400 grammes d'argent par 100 kilogrammes de plomb ; mais la teneur moyenne est de 200 à 300 grammes, et suivant quelques auteurs les anciens en retiraient de l'or. Aux Argentières, la teneur en argent est la même que celle de la galène de Castel-Minier et arrive même jusqu'à 500 grammes. D'après Diétrich, le minerai de la Corre serait encore plus riche. Ces mines, abandonnées après la destruction de Castel-Minier, furent reprises par le marquis de Villepinte, qui en était devenu concessionnaire, quelques années avant 89 ; il les faisait travailler par une soixantaine de mineurs appelés d'Allemagne, la terre classique des exploitations métallurgiques. Ces travaux, interrompus par suite des troubles de la Révolution, ont été repris à divers intervalles depuis le commencement du siècle, mais sans succès. On doit en conclure que le minerai de plomb argentifère est épuisé, du moins jusqu'à une certaine profondeur.

J'ai déjà eu occasion de parler des grottes que l'on rencontre dans les montagnes calcaires des environs d'Aulus ; il en existe plusieurs à deux kilomètres environ en aval du village ; la plus importante est située au haut de la carrière qu'on exploite au-dessus de la route. La plupart de ces grottes explorées par le docteur Garrigou ont été habitées par l'homme préhistorique. Quelques-unes paraissent avoir servi également de refuge à des populations d'une époque plus rapprochée de la nôtre , car M. Fontan a trouvé dans la grotte supérieure du *Ker* de Massat des médailles impériales se rapportant à la domination Gallo-Romaine. Des faits analogues se sont produits en d'autres endroits pendant les guerres du moyen âge.

D'où venait l'habitant de ces grottes et quel nom donner aux premières races pyrénéennes? Ne voulant pas entamer ici de discussions sur les crânes ronds et sur les crânes ovales, au sujet desquels on n'est pas encore bien d'accord, je dirai seulement que d'après tous les témoignages fournis par l'histoire, la géographie et la linguistique, la plus ancienne race historique, qui ait occupé les Pyrénées, est basque ou euskarienne, dont le radical *Euske* ou *Auske* se retrouve dans plusieurs noms de localités et de peuplades pyrénéennes telles que *Auskia*, première dénomination de Saint-Lizier, et jusque dans le mot *Aquitaine*, qui par ses deux formes archaïques, *Aquitania* et *Okkitania*, rappelle *Auskitania* (le pays des Auskes). Ce peuple, qui s'étendait en Espagne et dans le midi de la Gaule, fut refoulé à une époque qui échappe à tous les calculs par une race plus intelligente de souche aryenne celte, dont on peut suivre les traces depuis les confins de l'Europe et de l'Asie, jusques aux colonnes d'Hercule. La horde conquérante envahit d'abord le territoire compris entre le Rhin, l'Océan, les Pyrénées, les Alpes et la Méditerranée. Race forte et prolifique, elle se trouvait souvent à l'étroit dans les forêts des Gaules, et déversait le trop plein de sa population, tantôt dans l'une, tantôt dans l'autre des deux péninsules voisines. Parfois, rebroussant chemin, elle reprenait la route du Danube, et s'avançait jusqu'en Grèce ou en Asie. Les trois idiomes qu'on parle dans la péninsule ibérique, catalan, castillan, portugais, indiquent trois couches d'alluvions celtique venues séparément et à divers intervalles, par le Roussillon, les Pyrénées centrales et la Bidassoa. La nationalité euskarienne, qui peuplait le midi de la Gaule, disparut rapidement sous le flot de l'invasion. Celle d'au delà les monts fut plus longue à se laisser absorber. Elle se mêla d'abord aux envahisseurs. Mais ceux-ci recevant sans cesse de nouveaux essaims d'immigrants finirent par supplanter les premiers possesseurs du sol. Deux cent mille basques français et six cent mille espagnols cantonnés sur les bords du golfe cantabrique sont les derniers représentants de cette antique population, qui n'a laissé d'autre trace historique que les noms des localités qu'elle occupait avant l'arrivée des Celtes.

Revenons au Couserans. J'ai trouvé dans le dialecte d'Aulus une expression qui apparaît comme un écho lointain de l'invasion celtique, et de la supériorité que tout vainqueur s'arroge sur le vaincu. C'est le mot *bas Kéjà* (parler Basque), qui se dit d'une personne atteinte de bégaiement. Sur quelques points du bas Couserans, on rencontre un autre vestige de la population primitive, dans une facétie toute gauloise qui s'est perpétuée jusqu'à nous. La syllabe *Tcea* étant assez fréquente comme finale dans les mots euskariens, vous entendez quelquefois un homme débiter par manière de plaisanterie, pour imiter les Basques, des phrases comme celle-ci : *M'entcea Baou· Tcea a-pétcea, pour m'en baou a-pé* (je m'en vais à pied). La langue d'Ocqui se parle sur toute la ligne des Pyrénées, renferme des preuves autrement concluantes du contact de l'Eusk et du Celte. Mon savant ami Adolphe Garrigou a donné dans son *Histoire des Vallées Ariégeoises* une liste de mots Basques qu'il a recueillis dans le patois du comté de Foix et du Couserans. La plupart de ces termes s'appliquent à la vie pastorale. Leur présence dans le dialecte actuel de ces montagnes s'explique sans peine. On sait qu'une des lois du code barbare est d'exterminer les guerriers de la tribu qu'on envahit et de prendre les femmes pour épouses. Celles-ci lèguent naturellement aux enfants les mots qui leur sont les plus familiers , et l'idiome des vainqueurs s'enrichit d'un certain nombre d'expressions appartenant aux vaincus. Si l'on retranche de la langue d'Oc les emprunts faits au Basque et ceux qui lui vinrent plus tard du latin , on obtient un vocabulaire entièrement celtique. C'est à ce vocabulaire qu'il faut rapporter les noms des localités et des rivières pyrénéennes, si l'on veut se rendre compte de leur signification première. Récemment encore, il m'a été donné de vérifier ce fait d'une manière des plus inattendues. Avant d'entrer dans le vallon d'Aulus, on voit s'élever à gauche, sur le bord de la route, une colline nommée *es fourouns* (les forons). *Foron* est un mot celtique qu'on retrouve dans les Alpes françaises, avec le sens de *torrent*. Mais quel rapport établir entre l'idée de torrent et cette colline d'assises calcaires que séparent parfois des failles horizontales. J'appris un jour , des Aulusiens, que lorsqu'une trombe s'abat sur les montagnes de l'étang de l'Hers, situées au-dessus, l'eau s'infiltrant dans les fissures de la roche vient sortir par les failles de la colline sous forme de torrents dévastateurs. Quelque temps après, je fus témoin d'un de ces cataclysmes et je m'expliquais pourquoi les premiers habitants du vallon avaient donné à ce monticule le nom de colline des torrents. La grammaire de la langue d'Oc est également celtique. On sait que le tissu grammatical constitue la charpente du langage, c'est-à-dire le moule dans lequel une race coule ses idées et incarne sa personnalité. La linguistique s'accorde donc avec l'histoire pour établir que c'est sous les flots de l'invasion celtique que furent submergées les populations primitives des Pyrénées.

Mais, dira-t-on, l'habitant actuel de l'Aquitaine et du Languedoc ne rappele en rien le Celte tel que le dépeignent les historiens de l'antiquité. Tous lui donnent comme traits distinctifs une haute stature, des yeux bleus, des cheveux blonds, un tempérament fougueux, le goût des aventures, une audace et un courage touchant à la témérité. N'oublions pas que la couche d'alluvion celtique qui recouvre notre sol a été profondément travaillée par trois grands facteurs ethniques : les siècles, le climat, la civilisation. La physionomie des populations méridionales s'est donc modifiée. Mais si on l'observe de près, on ne tarde pas à reconnaître les traits essentiels des anciens envahisseurs des Gaules. Les *conquistadorés*, qui remplirent du bruit de leurs exploits les annales du XVIe siècle, n'ont-ils pas renouvelé en cent occasions les folles audaces et les téméraires entreprises des Gaëls et des Kymris ? Aujourd'hui encore on dit, dans la Pé-

ninsule, que *Espana* est synonyme de *Espada* ;
que le Castillan est la première nation du monde, *la priméra nacion del mundo*, le peuple le
plus vaillant de la terre, *el pueblo mas valiente
de la quierra*. Ne reconnaissez-vous pas là une
vanterie toute gauloise, légitimée par les faits
d'armes les plus éclatants qu'ait enregistré l'histoire. Quelque chose d'analogue se rencontre
sur notre territoire. La *furia francese* n'est-elle
pas la fille de la fougue et de l'impétuosité celtique ? L'armée d'Italie, avec laquelle Bonaparte
frappa ses plus terribles coups, ne comprenait
que des gascons et des provençaux, la 32ᵉ demi-
brigade, dont le nom est resté légendaire, était
sortie de Toulouse. Les individualités les plus
brillantes de l'épopée impériale, Murat, Lannes,
Bernadotte, Soult, Massena, Napoléon, apparte-
naient au Midi.

Voulez-vous maintenant retrouver le Celte
avec sa physionomie primitive. Suivez-moi vers
les hautes vallées pyrénéennes qu'un accès difficile a préservé du mélange des races et du
courant des invasions, et examinons si leurs
forêts ne recèlent pas encore l'homme à la haute stature, aux yeux bleus, aux cheveux blonds,
ayant une hutte pour abri et pour toute richesse
quelques troupeaux. Les montagnes d'Aulus se
prêtent on ne peut mieux à des explorations

de ce genre. Durant tout le cours de la belle saison, elles sont occupées par des familles de pâtres, dont l'unique industrie est l'élève du bétail et la confection des fromages. Vaches et brebis paissent au hasard des bruyères dans les bois de hêtres et de sapins, annonçant leur présence par le tintement agreste des clochettes. Dans un coin s'élève un gourbi en pierres sèches, recouvert d'un toit de chaume. Ce gite ne renferme pour tout mobilier que deux ou trois terrines destinées au laitage. Le reste est rempli par un lit de camp formé de branchages secs. La nuit venue on se barricade avec un fagot placé à l'ouverture du logis, et toute la famille s'étend pêle-mêle sur cette couchette. Si le temps est froid ou humide, on se réchauffe avec la vaste houppelande qui sert de manteau les jours de pluie et qu'on transforme en couverture. Une telle demeure ne rappelle-t-elle pas la hutte gauloise, dans sa teneur primitive ? Et ce pâtre à la forte corpulence, aux traits accentués, parcourant les paturages armé de son long bâton et de sa fronde, n'est-il pas l'image vivante du Gaël et du Kymri ? Le soleil des Pyrénées a bruni ses cheveux et son visage, mais la tête blonde des enfants, leurs yeux azurés, leur carnation vermeille indiquent un sang originaire du nord. Oui, c'est bien le Celte que nous avons sous les yeux. Sa haute stature, ses manières à demi-sauvages, sa physionomie sévère, presque farouche, évoquent à l'esprit un lointain souvenir des races barbares, et l'on est surpris de retrouver en lui quelque chose de cette rude écorce que l'on aime à contempler dans les Gaulois de Tite-Live et les Ibers de Strabon. Un mot sur ces derniers.

Pendant quarante ans j'ai cru aux Ibers, sur la foi de je ne sais quelle tradition, bien que ce nom fût pour moi une énigme indéchiffrable. Ces peuples occupaient l'Espagne et le Midi de la Gaule, et il existait au sujet de leur origine une théorie devenue presque classique. Comme ils avaient des homonymes dans le Caucase, on les faisait venir d'Asie, à cette époque inconnue et lointaine, où d'autres nations de l'Orient se dirigèrent vers l'Europe occidentale. Les Celtes étant arrivés par le nord, on fit déboucher les Ibers par le sud. Comment s'était effectué leur trajet ? Quelle route avaient-ils suivie ? L'histoire restait muette à cet égard. Autre difficulté : Il n'existait dans les traditions de cette race aucune souvenance de la patrie primitive, ni de sa migration. Enfin, chose encore plus étrange et en opposition avec toutes les lois de l'ethnologie et de la linguistique, ils n'avaient pas laissé trace de leur personnalité dans les langues qu'ils nous ont léguées, car le Catalan, le Castillan, le Portugais et le Languedocien n'ont aucun rapport ni dans leur grammaire ni dans leur dictionnaire, avec les idiomes de l'Ibérie-Caucasique. Ces obscurités se dissipèrent lorsque parcourant la numismatique Ibérienne de Boudard, je rencontrai le passage suivant qui tranche la question par l'étymologie du mot *Ibérie*. « Charax, qui avait vécu longtemps chez les Turdétans, nous apprend que les Grecs qui abordèrent primitivement à l'embouchure de l'Ibérus, y ayant trouvé une peuplade et une ville portant le même nom, adoptèrent cette dénomination et l'étendirent à toute la Péninsule, avant qu'ils eussent appris qu'elle était appelée Hispanie. » Le nom d'*Ibéria* était donc emprunté à la langue des indigènes. En effet, en Basque, *Ibay-erri* signifie *pays du fleuve*.

Les Ibères de l'Espagne et de l'Aquitaine tiraient donc leur nom d'une circonstance toute fortuite. En d'autres termes, il n'existe aucun rapport ethnique entre l'Ibérie d'Asie et l'Ibérie d'Europe. Le nom d'Ibère, appliqué d'abord à la nationalité Euskarienne, passa ensuite aux Celtes, lorsque ceux-ci se furent substitués aux premiers habitants de la Péninsule. Ajoutons que le rameau qui s'implanta en Espagne et dans le midi de la Gaule paraît appartenir à la branche la plus ancienne de la race celtique, je veux dire à la famille Gaëlique.

Revenons aux montagnes d'Aulus. J'ai eu occasion de parler à plusieurs reprises des avalanches de pierres que l'on rencontre au bas de certains escarpements. Ces avalanches sont loin d'être un fait particulier aux montagnes du Couserans, car je les ai rencontrées dans toutes les vallées que j'ai visitées depuis Dax jusqu'à Amélie-les-Bains. Dans certains endroits elles atteignent des dimensions colossales, tant par le volume des blocs de granit, que par l'étendue du terrain qu'elles occupent. C'est un phénomène dont les commencements remontent à la fin de la dernière époque glacière, et qui se continuent de nos jours. Il n'est pas, en effet, de pâtre d'un certain âge qui n'ait vu un pan de rocher se détacher du sommet de la montagne à la suite d'un orage, et rouler avec fracas jusqu'au fond de la gorge où il allait s'ajouter à ceux qui s'étaient détachés avant lui. Cependant, comme ces faits isolés ne suffisent pas pour expliquer les amoncellements qu'on observe en beaucoup d'endroits, on est obligé d'admettre que toutes les crêtes granitiques des Pyrénées ont été jadis secouées par de violents tremblements de terre qui entassèrent toutes ces ruines. La plus ancienne de ces convulsions géologiques qu'on ait enregistrée, et en même temps la plus violente, est celle que raconte notre vieux chroniqueur Grégoire de Tours, dans les termes suivants :

« La cinquième année du roi Childebert (516), la ville de Bordeaux fut fort ébranlée par un grand tremblement de terre, en sorte que les murailles de la ville furent en danger de tomber. Et ainsi tout le peuple fut transi d'effroi pour la crainte de la mort, si bien que s'il n'eût pas pris la fuite, il se fût persuadé qu'il eût été englouti avec toute la ville ; d'où vient que plusieurs se retirèrent ailleurs. Cette épouvante passa dans toutes les villes voisines et s'étendit jusqu'en Espagne, mais non pas si vivement. Il y eut toutefois de *grosses pierres qui se détachèrent des monts Pyrénéens*, lesquelles accablèrent des hommes et des animaux de diverses espèces. »

Les personnes qui ont visité le *chao de Gavarnie*, ou simplement quelques-unes des avalanches qu'on rencontre aux environs d'Aulus, sont convaincues qu'il n'y a aucune exagération dans ce récit. Quand on se trouve perdu au milieu de ces gigantesques débris qui jonchent quelquefois toute une vallée comme des légions de monstres soudainement pétrifiés, on se rappelle les Anges de Milton se lançant des montagnes, et l'on se demande si ce ne seraient pas là les épaves de ce titanique combat.

CHAPITRE XV

FLORE DES MONTAGNES D'AULUS. — LA FORÈT
VIERGE. — ARBRES ET PLANTES UTILISÉES DANS
L'INDUSTRIE PASTORALE.

Les voyageurs qui reviennent des pays d'ou-
tre-mer ne tarissent pas d'éloges sur la flore des
régions équatoriales. Mais personne ne dit mot
de celle qui s'épanouit au soleil des Pyrénées.
Il semblerait, d'après ce silence, que la plante
n'étale ses splendeurs que sous les tièdes
ondées des tropiques. C'est une erreur. Ayant
parcouru tour à tour les forêts de l'ancien et du
nouveau monde, j'ai pu m'assurer que la végétation de nos montagnes possède une puissance
de sève et de plasticité non moins remarquable
que celle dont s'enorgueillissent les latitudes
privilégiées. Pour prouver mon dire, je vais
mener le lecteur dans les bois vierges qui couvrent encore certains points du revers méridional
de la chaîne Pyrénéenne, afin de les mettre en
parallèle avec ceux d'au-delà l'Atlantique.

Transportons-nous d'abord en Louisiane ou en
Floride, et essayons de pénétrer dans un pan
de forêt. Dès les premiers pas nous sommes
arrêtés par un mur infranchissable, que maçon-

nent sans relâche les trois grands facteurs de l'activité végétale : la plante ligneuse, la plante herbacée, la plante grimpante, en d'autres termes, l'arbre, l'herbe, la liane. L'arbre forme la charpente et la voûte de l'édifice, l'herbe et la mousse remplissent les intervalles, et la liane serpentant de tronc en tronc et de branche en branche cimente le tout dans un faisceau inextricable. Le colon sait qu'il épuiserait inutilement ses forces à abattre cette forteresse. La dynamite, elle-même, serait impuissante. On n'en vient à bout qu'en la livrant aux flammes.

Armez-vous d'une hache, pratiquez une brèche à l'endroit le moins épais du massif et franchissez le seuil de la redoutable enceinte. A peine y avez-vous pénétré que vous êtes suffoqué par des senteurs étranges. Vous reconnaissez l'odeur caractéristique de l'effluve séminal. La forêt est en rut. Un éternel hyménée se célèbre dans le grand temple de la nature, au milieu des fleurs et des parfums. Des tressaillements agitent la plante, l'étamine se penche amoureusement vers le pistil, tout palpite, s'anime, s'embrase dans les enivrements d'une volupté satanique. C'est une priapée indescriptible qui a pour autel le mystérieux sanctuaire de la corolle et pour encens les suaves essences du pollen. La fête que les femmes de Babylone célébraient au printemps, en l'honneur de la déesse Mylitta, était un écho des bois vierges de la Chaldée, de l'Inde et de l'Iran.

Entrez plus avant, une autre surprise vous est réservée. Vos vêtements, vos mains, votre visage, déjà déchirés par les épines qui obstruent le passage, sont bientôt recouverts de myriades d'animalcules de toute sorte, parasites incommodes dont quelques-uns, s'implantant dans vos chairs, vous forcent à battre en retraite. Sous ce fouillis de verdure s'agite un monde vivant d'une activité prolifique non moins fiévreuse, non moins exubérante que le monde végétal. Faune étrange dont les termes extrêmes sont, au bas de l'échelle, la larve et l'insecte, au sommet, les deux superbes dominateurs de la forêt, le serpent et le tigre.

Passons aux Pyrénées, non sur le versant français, où la hache du bucheron et les nécessités de la vie pastorale et agricole mettent obstacle à la formation des bois vierges, mais sur le revers espagnol. Une population plus rare et un essort moins grand de l'industrie laissent le champ libre à la végétation dans les montagnes reculées des Asturies, de la Navarre, de l'Aragon et de la Catalogne. Chaque année, au printemps, la sève un moment engourdie par l'hiver se réveille aux chaudes haleines du soleil Pyrénéen, et donne au frêne, à l'orme, au hêtre, au sapin, des dimensions comparables à celles de l'arbre des tropiques. L'herbe touffue et la plante grimpante n'étant plus entravée par la main de l'homme forment autour des troncs séculaires un fourré impénétrable qu'on ne peut ouvrir qu'à l'aide du fer ou du feu. Sous cet épais massif grouille une population de fauves : ours, loups, renards, blaireaux, chats sauvages, etc., tandis que chaque fleur, chaque feuille, chaque brin d'herbe ou de mousse récèle une infinie variété d'insectes. Ce chaos de végétation folle et d'animalité en délire, où la plante et l'être vivant se mêlent, s'enlacent, se confondent dans un rut perpétuel, c'est la forêt vierge.

Tels étaient les bois qui recouvraient jadis les montagnes d'Aulus. Les forges à la Catalane, naguère encore si nombreuses dans le département, les firent disparaître. De monstrueux troncs de hêtre ou de sapins qu'on aperçoit sur les escarpements d'accès difficiles sont les derniers vestiges de cette flore primitive, et montrent ce que peut la sève végétale sous le soleil des Pyrénées. Les essences qu'on rencontre quand on traverse les prairies qui forment les premiers échelons des contreforts environnants sont le coudrier et le frêne. Ils se montrent d'abord éparpillés et sans ordre, le noisetier se tenant de préférence le long des sentiers dont il forme la haie, le hêtre dans les massifs de verdure Si ce dernier paraît clairsemé et de tronc médiocre, la faute en est aux pâtres qui lui font une guerre sans merci, d'abord pour se procurer du bois de chauffage, puis pour l'empêcher d'envahir la prairie. Bientôt, frênes et coudriers disparaissent, et on entre dans la région du hêtre. Se trouvant par son éloignement à l'abri de la cognée dévastatrice du bucheron, il s'étale en toute liberté sur d'assez grandes zônes, et, arrivé à l'âge adulte, montre avec fierté un gros tronc noueux qui témoigne de la puissance de sa sève. Plus haut, apparaît un nouvel hôte de la forêt, le sapin. Il alterne d'abord avec le hêtre à qui il vient disputer les hautes altitudes, puis, prenant définitivement le pas sur lui, il ombrage seul de son éternelle verdure les régions alpestres qu'il a choisies pour demeure. Cette verdure se continue jusqu'à la crête de granit, mais en s'appauvrissant et en changeant d'aspect. C'est que passé une certaine limite, le sapin disparaît pour faire place à un pin rabougri qui a peine à se faire jour à travers les roches et les neiges de la cime. Ce n'est que sur le versant espagnol qu'il se redresse sous l'influence d'une température moins rigoureuse, et qu'il lutte de vigueur avec le sapin. Ces deux arbres sont la providence des pauvres gens de la montagne pendant les longues nuits d'hiver. L'extrémité des branches du sapin donne un bois gras, autrement dit résineux, qui, suivant son diamètre, peut servir de torche ou de bougie. S'il est trop gros on le découpe en lanières qu'on adapte à un chandelier fabriqué *ad hoc*, et qui se trouve sous le manteau de la cheminée. C'est de temps immémorial le seul luminaire usité dans le pays. Inutile d'ajouter que c'est pendant l'été qu'on fait provision de ces branches. Mais les montagnards donnent la préférence au pin qui est encore plus résineux, et qui possède, en outre, l'avantage de conserver cette propriété dans toutes ses parties, même dans le tronc et les racines. Il offre, il est vrai, l'inconvénient de répandre plus de fumée en brûlant, mais les montagnards n'y regardent pas de si près.

Le sapin joue un grand rôle dans la pharmacie des populations pastorales de ces hautes régions. Au printemps, lorsque la sève se réveille, le tronc se couvre au-dessous des branches, de verrues de la grosseur d'une noisette. Les pâtres percent l'épiderme de la verrue et reçoivent le suc résineux qui en découle dans une corne de bœuf. C'est une sorte de térébenthine qu'ils conservent soigneusement et qui est d'un précieux secours dans le traitement de plusieurs maladies et des blessures. Un animal s'est-il fracturé un membre, on enveloppe la partie malade de cet onguent, et la guérison s'opère sans qu'il soit besoin de recourir à d'autres remèdes. Faut-il soigner une bronchite, on applique une couche du même médicament sur la poitrine ou entre les épaules, et la bronchite disparaît. La cueillette de la térébenthine n'a lieu que pendant la pleine lune, les verrues ne se formant qu'à cette époque. C'est aussi à la pleine lune qu'il faut couper le sapin, si on veut préserver les planches de l'action des vers, à l'inverse du hêtre et de la plupart des autres essences forestières qu'on coupe lorsque la lune est dans son décours. On a ainsi le double avantage de garantir le bois de la piqûre des insectes et de donner plus de vigueur à la pousse du taillis. Tous les Aulusiens ont observé que le hêtre coupé pendant la pleine lune sèche mal, conserve son humidité, donne un feu médiocre, qui brûle difficilement et fait de la mauvaise braise. L'influence de notre satellite sur la végétation, niée encore par certains astronomes, ne fait aucun doute pour l'habitant des campagnes. Il n'est pas de cultivateur qui ne sache que les plantes à racines ou à tubercules : carottes, pommes de terre, etc., ne prospèrent que lorsqu'on les ensemence pendant le décours de la lune, tandis que c'est le contraire pour les plantes à tiges : choux, maïs, etc. Un jardinier me résumait ainsi sa doctrine : tout ce qui pousse sous terre doit être semé en lune morte ; tout ce qui pousse au-dessus doit être semé en pleine lune.

Au-dessous des sapinières proprement dites, dans la région intermédiaire entre le hêtre et l'arbre vert, on rencontre parfois des clairières envahies par certaines plantes que je dois mentionner en passant. C'est d'abord la petite fraise de la montagne hautement appréciée des gourmets qui visitent Aulus ; elle mûrit en juillet et août. Chaque matin les jeunes filles du village viennent en faire la cueillette qu'elles apportent aussitôt aux restaurateurs et aux maîtres d'hôtels. Quand la fraise touche à sa fin, on s'attaque à la framboise non moins répandue, mais plus lente à mûrir. Deux autres plantes alpestres, aussi connues des excursionnistes que des montagnards, alternent avec le fraisier et le framboisier, ce sont la rose sauvage et le myrtil. J'ai déjà parlé de ce dernier arbuste et de la petite baie qu'il produit. C'est un rafraîchissement délicieux pour ceux qui affrontent la montagne aux heures caniculaires. On l'utilise dans les Vosges, pour donner de la couleur aux vins, mais ici on l'abandonne à l'isard et aux divers hôtes de la forêt, bien qu'on puisse en faire d'excellentes confitures, et que la médecine préconise ce fruit, dans certains cas de maladies, comme remède. Il en est de même de la réglisse qu'on rencontre également sur tous les hauts plateaux. Plus vivace que les plantes que je viens de mentionner, elle se montre jusqu'au sommet de la crête au milieu des terrains granitiques. Dans ces parages, il est facile de distinguer sa belle fleur aux ailes de papillon nuancées de lilas, ce qui devient difficile dans les pâturages situés au-dessous, les animaux broutant la tige à mesure qu'elle s'élève du sol. Sur le versant espagnol elle est à la fois plus forte et plus succulante que sur le versant français. Des bergers, qui conduisaient leurs troupeaux dans les montagnes de la Catalogne, m'ont assuré avoir bu à des sources possédant un goût de réglisse très prononcé. Les alentours étaient recouverts de cette plante, et l'eau s'imprégnait de son suc au contact des radicelles, car on n'ignore pas que la racine de la réglisse s'enfonce profondément dans le sol. Un fait analogue s'observe à Arcachon et en général dans les Landes. L'eau qu'on recueille au milieu des forêts de pins est légèrement jaunâtre et rappelle par son goût résineux le suc qui s'écoule des racines de l'arbre planté au-dessus.

Chaque maison du village conserve dans un coin du bahut, où se tiennent les provisions, un paquet de réglisse que l'on renouvelle tous les ans pendant la belle saison. En temps de neige, les bronchites sont fréquentes sur ces altitudes, et la décoction de cette racine est un pectoral d'autant plus précieux pour les pauvres gens, qu'il n'a besoin d'aucune addition de sucre. C'est là, avec le suc résineux du sapin, dont j'ai parlé plus haut, et les fleurs de tilleuls très communes dans ces contrées alpestres, tout l'arsenal pharmaceutique du pâtre. Ajoutons-y le petit lait, médicament fort apprécié des populations de la montagne pour ses propriétés laxatives, et qu'on peut se procurer, hiver comme été. Avant la découverte des sources, il n'était pas rare de voir à Aulus, durant la belle saison, des gens peu aisés des environs, venus pour se traiter par le petit lait, comme cela se pratique dans certains cantons de Suisse et d'Allemagne. Aujourd'hui il n'y a plus que les habitants du village qui ont recours à ce remède, lorsqu'ils veulent se débarrasser d'une constipation opiniâtre. Ces cas sont rares, une vie frugale et une nourriture peu substantielle, composée presque exclusivement de pain, de seigle ou de maïs, de pommes de terre, de laitage, etc., préservent des accidents pléthoriques, et ne laissent prise qu'aux infirmités de la vieillesse.

Je dois encore mentionner une autre plante,

la *Cistre*, assez commune sur la montagne et
non moins connue des troupeaux que des bergers. C'est une saxifrage dont l'isard, la brebis,
la vache et en général tous les herbivores sont
très friands. Une senteur aromatique s'en exhale,
et c'est là, au dire des pâtres, la cause de la
prédilection dont elle est l'objet de la part des
animaux. Il paraît plus probable que cela tient
comme pour la réglisse aux sucs des feuilles et
de la tige. Ce qui semble hors de conteste, c'est
que le mouton acquiert en les broutant une
saveur hautement appréciée des gourmets. Ces
deux plantes étant mieux développées et plus
succulentes sur le versant espagnol que sur le
versant français, la chair des animaux qu'on
élève dans les pâturages catalans a un goût
encore plus exquis, et les bouchers reconnaissent leur provenance à l'odeur balsamique qui
se dégage du sang. La cistre se rencontre sur
toutes les montagnes d'Aulus. Au-dessus de la
grande cascade, le long de l'immense ravin
entrecoupé de lacs et de blocs erratiques, qui
conduit au port de Sounou, il n'est pas un coin
de terre végétale, où l'on aperçoive cette plante
facilement reconnaissable à la touffe de feuilles
finement découpées qui entourent la tige, et à
ses petites fleurs blanches disposées en om-
belle. J'ajouterai à l'adresse des disciples de
Saint-Hubert qui ne partent jamais pour les

Pyrénées sans se faire suivre de leurs fusils qu'ils trouveront dans ces parages la perdrix grise et la perdrix blanche, voire même le coq de bruyère. La perdrix grise est plus petite que la blanche et vole par troupes plus nombreuses. L'hiver les chasse de ces hautes altitudes et on les voit au-dessus de l'église du village, sur les flancs du Caïzardé. Le coq de bruyère plus dur au froid ne quitte jamais les sapinières, et devient de jour en jour plus rare.

Dans ce rapide aperçu de la flore aulusienne, je n'ai mentionné comme espèce médicinale que la réglisse, parce que c'est la seule qui soit utilisée dans l'économie domestique. Mais il en est une foule d'autres, telles que l'ellébore, la gentiane, l'armoise, l'arnica, etc., qui restent inaperçues, à moins que les troupeaux n'en fassent leur profit. Un pharmacien qui viendrait herboriser sur ces montagnes y trouverait une riche collection de simples. Au-dessus des sapinières tout change d'aspect. On aperçoit encore abrités par un rocher le raisin d'ours, *uva ursi*, le géranium *pyrenaïcum*, le *galanthus nivalis* et quelques autres plantes alpestres. Mais bientôt, la végétation appauvrie ne donne plus que des espèces naines, puis enfin des mousses et des lichens. La roche d'un côté, de l'autre un hiver sibérien et des neiges presque perpétuelles arrêtent l'essor de la sève.

CHAPITRE XVI

FAUNE DES MONTAGNES D'AULUS. — MARTIN. — COMMENT IL COMPREND LA LUTTE POUR L'EXISTENCE. — SES RUSES DE GUERRE. — SES MOUVEMENTS TOURNANTS. — SES DÉGUISEMENTS. SES FANTAISIES DE GOURMET. — SON AMEUBLEMENT. — SES VERTUS DOMESTIQUES. — SES NOTIONS DE MORALE. — SON APOSTROPHE A *L'HOMO SAPIENS*.

A tout seigneur, tout honneur. Martin est sans conteste l'hôte le plus marquant des Pyrénées, et la première place lui revient de droit dans la revue de la galerie zoologique des montagnes d'Aulus. De tous les grands mammifères, tigres des cavernes, mammouth, rhinocéros à narines cloisonnées, cerf géant, etc., qui, pendant l'époque tertiaire, disputaient le sol de nos contrées au bipède glabre, que Linnée a catalogués sous la rubrique, un peu risquée selon nous, de *homo sapiens*, il est le seul qui ait survécu et qui tienne encore tête à son éternel adversaire, devenu depuis peu son dominateur. Il défend pas à pas, contre l'usurpateur, le patrimoine de ses ancêtres, qu'il revendique comme sa possession légitime au nom du droit que confère le titre de premier occupant. Ses archives, il en possède et des meilleures, puisqu'elles sont tirées de la géologie, lui donnent complètement raison. Ses dépouilles se rencontrent à chaque pas dans les grottes de nos montagnes, car Martin n'est pas homme à gîter en plein air quand il a un abri à sa portée. Il n'est peut-être pas une seule caverne dans les Pyrénées, depuis la célèbre grotte du Mas-d'Azil jusqu'à l'antre le plus inaccessible des hautes cimes, qui, gratté à sa surface, ne révèle ses vestiges. Quelques-unes de ces retraites ont acquis une importance réelle dans les annales de la paléontologie, car le sol et le sous-sol accusent la succession d'innombrables générations d'ours, tandis que c'est à peine si on rencontre des vestiges humains dans les couches superficielles, preuve irrécusable que Martin est notre aîné et que le terrain que nous occupons aujourd'hui formait jadis le patrimoine de sa famille.

Les étrangers qui visitent Aulus peuvent vérifier sur place ce que je viens de dire au sujet des ancêtres de Martin. A quelques mètres au-dessus du gouffre de *Naou-Pounts*, que l'on rencontre sur la route de Saint-Girons, à cinq minutes du village, et qui marque en quelque sorte le but et le terme des promenades du soir, s'élève une colline calcaire d'où l'on extrait chaque jour les matériaux qui servent à la construction de nos hôtels. Dans une des failles du calcaire se trouve une petite grotte passée inaperçue jusqu'ici et vierge par conséquent de toute exploration géologique. Nul doute qu'en grattant la surface du sol on n'y trouve des débris de l'époque préhistorique, et en première ligne des ossements de *l'ursus spelœus.*

En face de cette colline et par conséquent de l'autre côté du gave, s'élève un rocher calcaire qui renferme également un antre. Comme l'ouverture est à quelques mètres au-dessus du sol, il n'est hanté que par les oiseaux de proie. Mais les changements de niveau de terrain étant très fréquents dans les montagnes, il est à présumer qu'il fut une époque où l'on entrait de plain pied dans la caverne. Dès lors il n'est pas douteux que Martin n'en eût fait sa demeure. Dans la vallée d'Ustou, qui n'est séparée de celle d'Aulus que par le monticule de la Trappe, et où peuvent se rendre les cavalcades par un sentier des plus pittoresques, on rencontre une autre chaîne de collines calcaires contenant également des cavernes. Celles-ci, d'un accès facile, ont été fréquentées par l'homme quaternaire, comme le témoignent les nombreux débris de coquilles d'escargots qui jonchent le sol.

Le docteur Garrigou, qui les visita il y a une quinzaine d'années pendant un court séjour qu'il fit à Aulus, recueillit dans l'une d'elles une dent *d'ursus spelœus*. Pressé par le temps, il ne put faire des fouilles. Nul doute que le sous-sol n'eût fourni de nombreux vestiges de l'époque préhistorique, surtout des ossements de l'ours des cavernes. Il en est de même des grottes de Massat, dont j'ai parlé dans un chapitre précédent, et dans l'une desquelles le docteur Garrigou a trouvé l'esquisse de l'ours des cavernes, tracé sur une pierre, par un artiste de l'époque quaternaire.

Martin s'est retiré pas à pas devant un autre plantigrade bien plus faible que lui, mais mieux outillé pour la lutte, et qui depuis des siècles le traque sans merci, armé de trois formidables engins, la carabine, le déboisement et la strychnine. Aujourd'hui, il a presque entièrement déserté le versant français de la chaîne, et si on le rencontre accidentellement c'est qu'il vient y chercher un refuge pour échapper à la poursuite des chasseurs espagnols. Encore quelques années, et notre héros ne sera plus qu'un souvenir. Sa physionomie est des plus curieuses ; ses mœurs méritent d'être connues. Essayons de les esquisser en quelques lignes.

Disons d'abord qu'il faut nous garder de juger

Martin, d'après l'échantillon muselé et abêti qui court les foires, la chaîne au cou, précédé du cornac, et suivi d'une meute de chiens jappant à qui mieux mieux. C'est comme si on substituait au noble et fier spartiate du temps de Lycurgue l'ilot avili et écrasé sous le poids de la servitude. C'est quand il erre en pleine liberté sur ses montagnes, vieux patrimoine des aïeux, qu'il faut le suivre, si on veut l'étudier sous son vrai jour, et se rendre compte de la manière dont il comprend la lutte pour l'existence, car ne l'oublions pas, c'est là, pour le plantigrade à l'épaisse fourrure, aux griffes acérées et redoutables, à la dent féroce, aussi bien que pour le plantigrade glabre et inerme, le grand objectif auquel se rapportent toutes les actions de la vie.

Martin est sur pied dès l'aube et sort aussitôt du logis sans s'inquiéter autrement de sa toilette, comptant sur les broussailles des fourrés qu'il traverse pour s'épousseter et entretenir le lustre de son derme. Le voilà en chasse, trottinant au milieu des sapinières et des taillis dans la direction des pâturages. Tout à coup, il s'arrête et devient pensif. Ne le troublez pas. Des bruits lointains ont frappé son oreille ; il cherche à s'orienter et dresse son plan de campagne. N'allez pas croire qu'il soit parti à l'aventure.

Dans ses promenades sous bois que, en termes du métier, on appelle des reconnaissances, il a observé comment les choses se pratiquent dans une bergerie. Il connaît la disposition des lieux et sait à quelle heure il serait imprudent de se présenter, le pâtre escorté de ses chiens se rendant auprès des bêtes pour les traire. Toutes ces circonstances bien pesées dans son esprit, il va de l'avant et prend ses dispositions pour arriver sur le terrain où il compte opérer, en temps opportun, c'est-à-dire au moment où le berger prépare le fromage ou fait sa sieste dans sa cabane, tandis que les bêtes paissent paisiblement dans les pâturages. Il a, du reste, pour se guider à travers bois, un guide plus sûr que la boussole ou la carte de l'état-major, c'est le tintement des clochettes que portent à leur cou les vaches et les brebis.

Dès qu'il entend les premières notes de cette gamme si douce à ses oreilles, il se pose ce point d'interrogation : Quel gibier dois-je attaquer de préférence ? Est-ce le gros, est-ce le petit ? Évidemment la grosse pièce vaut mieux, mais elle a un terrible inconvénient. Si on vient me troubler pendant que je suis en train de la dépecer, je ne puis l'emporter avec moi et je me vois forcé d'abandonner ma chasse au loup ou au vautour. D'un autre côté, la sotte bête a la prétention de me terrasser avec ses cornes, tout en meuglant pour appeler au secours et, pendant quelle cherche à se débattre, chiens et bergers ont le temps d'arriver. La brebis ne présente aucun de ces inconvénients ; le morceau est petit, il est vrai, mais si elle fait mine de bêler, je l'étrangle d'un coup de griffe et, à la moindre alerte, je l'emporte sur mes épaules. Tout en pesant ses considérations, Martin continue à avancer sans oublier aucune des précautions que nécessite la nature du terrain. Inutile d'ajouter que la première est de marcher toujours à couvert. S'il rencontre devant lui une pente rapide, il la descend à l'instar des bergers et des contrebandiers, non sur ses pattes, mais en se laissant glisser sur son train de derrière. La seule différence à noter est que les premiers ont leur point d'appui sur l'extrémité d'un gros bâton qu'ils passent entre leurs jambes, tandis que Martin, protégé par son épaisse fourrure, n'a à redouter aucun accident pour ses culottes. La descente se réduit ainsi à une glissade de quelques minutes.

Arrivé au pied de l'escarpement, Martin reconnaît au tintement des clochettes qu'il est en plein pâturage, qu'il n'a plus qu'à allonger sa griffe pour saisir une proie. Dans sa jubilation, il oublie les raisonnements qu'il se faisait tout à l'heure sur l'opportunité de la vache ou de la brebis et va droit à la bête la plus rapprochée de lui. Si c'est une brebis, il la terrasse et l'étouffe sans qu'elle ait le temps de dire *aïe*, puis l'ouvre d'un coup de griffe comme le ferait le boucher le plus expert, et se met en train de la dévorer sur place. Toutefois, si l'éveil est donné par le reste du troupeau et que les aboiements des chiens commencent à se faire entendre, il passe son gibier sur l'épaule le retenant par une de ses pattes, tandis qu'avec les trois autres il reprend sa course au petit trop vers la montage et va faire son déjeuner dans des parages où il ne sera plus inquiété. S'il possède femme et enfants, il n'a garde d'oublier les siens et, sa première faim apaisée, il porte le reste de la bête à sa famille.

Mais, lorsqu'il est célibataire ou que sa progéniture est assez grande pour se suffire à elle-même, il cache soigneusement ses provisions dans un fourré, pour son repas du lendemain. Si, au lieu d'une brebis, il lui arrive de tomber sur une vache, et que les meuglements de la victime aient donné l'alerte, adieu les provisions pour la famille et pour le lendemain. Ne pouvant emporter un tel gibier avec lui, il est forcé de l'abandonner sur place, et, lorsqu'il revient le jour suivant, il ne trouve plus que des os dénudés, les loups et les vautours s'étant chargés de la besogne.

Dans les montagnes où Martin est assez commun pour que ses razzias deviennent onéreuses aux pauvres bergers, on multiplie les chiens de garde afin que son approche soit plus facilement signalée, et qu'on puisse donner l'alarme au troupeau. Cela arrive, notamment, dans les Pyrénées espagnoles qui, ainsi que je l'ai dit, sont moins fréquentées et, par suite, plus boisées que les nôtres. La fréquence des alertes qu'ils ont à subir, tant de la part de loups que de celle des ours, donne, aux divers animaux qui composent une bergerie, une sorte d'instinct stratégique dont sont émerveillés tous ceux qui en ont été témoins. Au premier cri d'alarme, ils se forment en rond, les brebis, les veaux et les poulains au centre ; les vaches, les juments et les mules à la périphérie, les premières faisant face à l'ennemi avec leurs cornes, les autres avec leurs trains de derrière. En avant sont les chiens dont les aboiements ont bientôt éveillé l'attention des bergers. Ceux-ci arrivent aussitôt avec leurs vieux mousquets ; devant un tel déploiement de forces et une tactique si habilement conçue, Martin voit qu'il faut battre en retraite. Mais, comme il n'est pas homme à rentrer bredouille, il tient conseil dès qu'il est revenu sous bois, étudie à nouveau la disposition du terrain, et prend ses mesures en conséquence.

Deux ou trois heures après son attaque manquée, lorsque l'alerte qu'il a donnée est déjà oubliée, et que les chiens veillent toujours du côté où il a fait son apparition, on le voit, surgir tout à coup, dans la direction opposée, enlever une brebis, avant que les animaux aient eu le temps de se mettre en ordre de bataille, la passer sur son épaule, avec une de ses pattes, et regagner son gîte sur les trois autres. Il a eu recours au *truc* des grands tacticiens, le mouvement tournant.

Parfois la nature du terrain refuse de se prêter à l'exécution de ce stratagème. Mais, Martin est homme à ressources, et il a bientôt tiré de son sac à malice une nouvelle ruse de guerre.

Une de ses manœuvres les plus familières est l'attaque de nuit. Comme la première condition de succès d'une expédition de ce genre est la célérité, il ne vise plus le gros gibier et se contente du menu fretin. Dans les reconnaissances qu'il a faites pendant ses heures de flanerie, il a reconnu que les brebis sont parquées, chaque soir, non loin de la cabane du berger, dans un enclos fermé par une claie analogue à celle qui borde les deux côtés d'une voie ferrée. Quand la nuit est venue, que les chiens ont cessé de rôder et d'aboyer, notre maraudeur juge, avec sa sagacité habituelle, que tout le monde est endormi et que c'est le moment d'agir. Il va donc droit au parc, enlève d'un seul effort de son bras vigoureux la prétendue barrière qui doit protéger le troupeau, saisit une brebis, la passe sur l'épaule, suivant son habitude, et s'enfuit à toutes jambes avant que les chiens aient eu le temps de donner l'alarme. Quand ils se mettent à aboyer, et que le berger s'éveille, tout est fini, Martin est déjà loin, bien qu'il ne trotte que sur trois pattes, et d'ailleurs comment lui donner la chasse au milieu des ténèbres ? On a constamment remarqué que, malgré les ombres de la nuit, la brebis qu'il choisit pour proie est très souvent la plus belle du troupeau.

Pour mieux assurer le succès de ses attaques de nuit, Martin a quelquefois recours à un *truc* qu'on peut considérer comme le *nec plus ultra* des ruses de guerre. Au lieu de se présenter en maraudeur et d'éveiller ainsi les soupçons, il cherche à capter la confiance en se faisant passer pour un honnête homme. En d'autres termes, il se travestit en berger. Arrivé près du campement il se dresse sur ses pattes de derrière et s'avance, sans précipitation, de ce pas grave et mesuré propre aux pâtres de la montagne. D'aucuns prétendent que pour rendre le déguisement plus complet , il pousse l'astuce jusqu'à venir armé d'une houlette. Je n'ai pu vérifier le fait, mais le drôle en est bien capable. Quoi qu'il en soit, il va droit à l'étable, quand il sait tout le monde endormi, soulève, avec une de ses pattes, j'allais dire avec une de ses mains, le loquet de la porte et entre comme s'il allait visiter ses bêtes. Choisir et étrangler la plus belle sans qu'elle est le temps de pousser un seul cri est pour lui l'affaire d'un instant. Sa besogne faite, et son travestissement devenant désormais inutile, il reprend ses allures de quadrupède et rentre au petit trot au logis, tenant, comme toujours , son butin sur une de ses épaules. Le lendemain, le berger, trouvant la porte de l'étable ouverte, se méfie de quelque chose, il compte ses bêtes, s'aperçoit que la plus belle manque à l'appel et devine ce qui s'est passé. Ses soupçons sont confirmés par les larges traces que le plantigrade a laissées sur son passage. Averti par cette leçon, et sachant que Martin est homme à récidiver, il prend les précautions indiquées par les circonstances : il ajoute une forte serrure au loquet et place un chien en embuscade derrière la porte.

Dès que les premières neiges d'automne recouvrent la montagne, Martin se voit obligé de renoncer à la chasse, car il ne rencontre plus de

troupeaux au voisinage des forêts qu'il a choisies pour domaine de ses excursions, les bergers
ayant ramené leurs bêtes au village. Il change
alors de régime. Il s'attaque d'abord à certaines
racines qu'il broie aussi facilement qu'une pom-
me. Mais lorsque la neige tombe en si grande
abondance que la marche devient impossible
même pour des enjambées d'ours, il se contente
de brouter, à la façon des isards, l'extrémité des
branches des sapins. Ce mode d'alimentation
lui fait rarement défaut, car c'est toujours au
milieu des sapinières qu'il établit son quartier
général. Il paraît, toutefois, que malgré sa so-
briété bien connue, son estomac s'accommode
mal de cette nourriture de chèvres, aussi ne
tarde-t-il pas à l'abandonner et à faire appel,
comme c'est son habitude dans les cas désespérés, à un expédient héroïque. Nous l'avons vu
dans ses attaques nocturnes assurer le succès
de son expédition en se déguisant en berger.
Ici il se transforme en marmotte et supprime
du coup tout souci de nourriture. Il rentre dans
sa tanière, se tapit sur son lit de mousse et s'endort jusqu'au retour du printemps.

On a cherché à expliquer ce long sommeil par
un besoin physiologique propre aux animaux
hibernants. Cela est vrai pour certaines espèces
bien connues des naturalistes.

Il n'en est plus de même de notre plantigrade. Son frère de Sibérie affronte, tout le long de l'année, des frimas autrement rigoureux que les hivers des Alpes et des Pyrénées, sans qu'il songe à recourir au truc de nos marmottes. S'il en était ainsi, sa vie tout entière ne serait qu'un sommeil perpétuel. Il est vrai qu'il a pour se dédommager les phoques et autres menus gibiers des mers polaires. L'ours apprivoisé, qui court les foires, ne songe pas davantage à demander des vacances au patron en invoquant la théorie des animaux hibernants. Il n'ignore pas qu'on répondrait à cette fantaisie par de vigoureux coups de rotin justement mérités, et il donne ses représentations en temps de neige, aussi bien qu'en pleine canicule. Il ne faut donc voir dans la longue sieste hivernale qu'une nouvelle malice de Martin.

Chez les ménages pauvres vous entendez souvent dire, pendant l'hiver : Nous nous couchons de bonne heure pour économiser le bois et la chandelle. Martin n'a à se préoccuper ni de luminaire, ni de combustible. Son unique souci est du côté du garde-manger. Dès qu'il ne peut plus l'approvisionner il s'endort sur la foi du proverbe, qui dort dîne, et il ne s'éveille que lorsque le grand dispensateur de notre monde sublunaire lui fait sentir, par l'entremise de ses rayons, que le printemps approche et que la chasse va se rouvrir.

J'ai dit qu'avant de commencer sa sieste Martin avait soin de se blottir dans sa tanière. A défaut de caverne, il cherche un gîte sous un rocher faisant saillie, et, au besoin, se contente du creux d'un tronc d'arbre. Lorsque toutes ces retraites lui manquent à la fois, il établit sa demeure dans les branches d'un gros sapin. Inutile d'ajouter qu'il y construit d'abord un lit confortable, en disposant, entre ces branches, du bois mort qu'il va chercher dans la forêt, et que, le cas échéant, il abat, lui-même, comme un bûcheron, ayant soin de recouvrir ce matelas d'une large couche de mousse ou de feuilles sèches.

Son derme épais et sa chaude fourrure lui permettent de braver les frimas de la saison, tandis que la graisse et le lard qui se sont déposés, pendant l'automne, sous son enveloppe, le sustentent durant son sommeil. Le carême terminé, il descend de son gîte et songe aussitôt à refaire son estomac. Comme un jeûne aussi long et aussi rigoureux a terriblement aiguisé ses dents, il a alors la faim mauvaise. Malheur aux bergeries du voisinage ! C'est à ce moment que les chiens ont le plus de besogne à veiller à la garde du troupeau. Toutefois, s'ils connaissent leur métier, ils se gardent d'approcher l'ennemi de trop près, et se contentent de le mettre en fuite en aboyant à distance. Ils savent que Martin connaît les retours offensifs, que l'orsqu'il rencontre un cailloux il le lance d'un coup de patte contre ses adversaires, tout en continuant sa course et sans se détourner, avec la dextérité du Parthe qui lançait sa flèche en fuyant. Il en est de même quand un chien pousse la témérité jusqu'à vouloir mordre ses jambes, Martin le renvoie à plusieurs mètres derrière lui, comme un simple projectile. Un berger d'Aulus m'a raconté que, gardant un jour ses brebis sur la montage de Fouillet, il fut éveillé par les aboiements des chiens qui poursuivaient un ours. Un d'eux s'étant trop approché, Martin le rappela aux convenances et d'un coup de patte le lança en l'air. Comme le terrain était en pente, notre imprudent pirouetta dans l'espace et vint retomber au milieu de ses camarades qui, moins osés que lui, se tenaient à distance.

La chasse aux bergeries devient une nécessité pour Martin quand il a femme et enfants, car, en bon père de famille, il doit songer aux siens, et il lui est plus facile de leur apporter un carré de cotelettes qu'un panier de menus comestibles. Mais s'il vit dans le célibat, ou si ses nourrissons, devenus adultes, ont déserté le toit paternel, il se contente volontiers des fruits qu'il trouve sur la montagne, et ne prend le chemin des pâturages que par occasion, lorsqu'il éprouve le besoin de se refaire ; en d'autres termes, chaque fois que son estomac, fatigué du régime végétal, réclame un plat de résistance , il a en abondance la fraise, la framboise, la groseille, et surtout le myrtil dont il est très friand. Au besoin, il broute la réglisse et recherche avec avidité le *Bunium alpinum*, espèce de chardon assez fréquent dans les régions alpestres. D'autres fois, il s'attaque à une petite baie sauvage à laquelle les botanistes ont donné en son honneur le nom de raisin d'ours, *uva ursi*. Il fait surtout ses délices du miel, et lorsqu'il va marauder nuitamment, autour d'une ferme, vendange les ruches aussi prestement que la ménagère la mieux exercée. Quand il veut se rafraîchir et que le cresson vient à lui manquer, disons en passant que Martin se connaît en salade aussi bien qu'un maraîcher, il a recours à un truc tiré de ses réminiscences de naturaliste. Dans ses promenades philosophiques à travers monts il a acquis diverses notions de physiologie végétale et animale. Il sait, par exemple, que la fourmi sécrète une liqueur acide, et que l'acide est la base de toute boisson rafraîchissante. Il va donc droit à la première fourmilière qu'il rencontre, met d'un coup de patte tout ce petit monde en révolution, puis y applique délicatement sa langue et la retire aussitôt. Exaspérées d'une telle intrusion, les fourmis se vengent en criblant de leurs dards cette masse charnue, et le corrosif qu'elles y déversent est pour notre gourmet une délicieuse limonade.

Entrons maintenant dans la demeure de Martin, afin de jeter un coup d'œil sur son aménagement. Nous ne tarderons pas à reconnaître que dans sa simplicité de rustre il ne dédaigne ni le confort, ni les préceptes de l'hygiène ; son logis est d'ordinaire une caverne étroite d'entrée, mais large et spacieuse dans l'intérieur. Désireux avant tout de n'être pas troublé et de goûter en paix les douceurs du *home*, il choisit de préférence une retraite d'accès difficile, afin d'éloigner les importuns. Son idéal est un antre élevé de quelques mètres au-dessus du sol, dont l'ouverture est masquée par les branches d'un sapin planté au-dessous. Il en est quitte pour escalader le tronc chaque fois qu'il rentre chez lui, mais nous savons qu'il grimpe sur les arbres comme un chat sauvage. Il existait une demeure de ce genre aux environs d'Aulus, non loin de la grande cascade d'Hars. Le Poubil, dont j'ai parlé dans l'un des premiers chapitres, et à qui ces exploits cynégétiques avaient valu le surnom de *chasseur d'ours*, abattit le locataire d'un coup de mousquet, il y a une soixantaine d'années. Le sapin qui servait à la fois d'échelle et de porte d'entrée a disparu depuis, et aujourd'hui il ne reste plus que l'antre silencieux et désert. Ce qui frappe tout d'abord quand on visite le logis de Martin, c'est l'austère simplicité de l'ameublement. On se croirait dans une maison de Pompéï où les chambres n'avaient qu'une couchette. Le citoyen de cette époque passant sa journée au forum ne rentrait chez lui que pour dormir, et bornait par conséquent son mobilier à un lit. Il en est de même pour notre héros. Sorti dès le petit jour il ne regagne son gîte qu'à l'entrée de la nuit, pour prendre du repos, et comme le contemporain de Pline et de Titus n'a besoin que d'une paillasse. Je dois cependant constater une différence toute à l'avantage du plantigrade. Au lieu d'une couchette son appartement en contient deux. En homme bien élevé, Martin fait lit à part, et ne dresse le sien que quand il a terminé celui qu'il destine à Mme Martin. C'est merveilleux de voir l'arrangement et le confortable de ces couchettes. Je ne puis mieux faire pour en donner une idée que de les comparer à un matelas garni de mousse et de feuilles de sapins, et qu'on aurait négligé de recouvrir d'une toile. Par une disposition des mieux entendues, nos dormeurs reposent chacun dans un coin de la pièce et se trouvent ainsi à l'abri des vents coulis de la montagne, qui pourraient pénétrer par l'entrée du logis. Il n'est pas facile de visiter une telle habitation, on comprend pourquoi. Martin possède au plus haut degré le sentiment des convenances et n'aime pas à être dérangé dans ses méditations ou son repos. Mais on peut vérifier les détails que je viens de rapporter, quand on rencontre une demeure abandonnée par son locataire, pour cause de décès.

J'ai dit que Martin connaît ses devoirs de père de famille et qu'il ne fait jamais de razzia dans les bergeries, sans apporter aux siens un carré de cotelettes ou un gigot. Cette sollicitude toute paternelle se continue tant que sa progéniture est en bas âge. Lorsqu'une famille surprise par les chasseurs est forcée de battre en retraite et que les oursons sont trop jeunes pour courir, le père et la mère en prennent chacun un qu'ils passent sur leur épaule en le retenant avec une patte, et prennent la fuite en galoppant sur les trois autres. Quand la mère est seule et qu'elle a deux nourrissons, ce qui est le cas le plus fréquent, elle en met un à califourchon sur son dos, et tient l'autre dans un de ses bras. Dès

qu'ils sont assez forts pour se suffire à eux-
mêmes, le père cesse de s'en occuper, mais la
mère les accompagne encore quelque temps
pour achever leur éducation, et ne les quitte
définitivement que quand ils savent étrangler
prestement une brebis et l'écorcher de leurs
griffes à la façon d'un boucher.

Martin a-t-il des notions de morale ? Je n'hésite pas à répondre que sur ce point notre héros
a fait ses preuves et n'a rien à envier à personne.
Bon père, excellent époux, il est sur ces hauts
sommets l'exemple des vertus domestiques. Le
seul reproche qu'on lui ait jamais fait est de se
conduire parfois à l'égard des brebis et des gé-
nisses, comme nous le faisons nous-mêmes à
l'égard des lièvres et des sangliers. Accusation
hypocrite qui ne saurait avoir de valeur, venant
d'un ennemi sans honte et sans vergogne. Circonstance qu'il ne faut pas oublier de noter : Il
a conscience de la faute, quand il lui arrive de
commettre un méfait, qualité qui nous fait souvent défaut. Oui, Martin est susceptible de
remords ; il devient penaud, et se demande
comment il pourra faire oublier sa pécadille.
Dans ses rapports avec l'*homo sapiens*, il a
appris à connaître le tricorne du gendarme, et
même à acquérir quelques notions du code
pénal. Le fait suivant, encore présent dans le

souvenir des habitants d'Ustou, est significatif à cet égard.

Il y a quelques années, un habitant du village avait un ours qu'il traitait assez durement. Martin entend qu'on ait certains égards pour sa personne, et déteste les mauvais procédés. Un jour que son maître avait oublié de lui apporter sa ration à l'heure habituelle, la faim se mettant de la partie, des idées de vengeance commencèrent à fermenter dans sa tête. Lorsqu'après une longue attente, il vit arriver le pain, au lieu de le saisir et de l'avaler, il se précipita sur le patron, lui ouvrit le ventre d'un coup de griffe et apaisa à la fois sa faim et sa vengeance en dévorant le foie et les poumons. Mais à peine le forfait est-il consommé que le remords s'empare de lui. Le châtiment apparaît devant ses yeux. Comment s'y prendre pour y échapper ! il n'y a qu'un moyen : faire disparaître les traces du crime en cachant le cadavre sous la litière, et il se met aussitôt à l'œuvre. Le délit fut si bien dissimulé qu'il passa d'abord inaperçu. L'enchaînement d'idées, qui se déroule dans la tête de notre plantigrade, accuse de sa part une certaine puissance de logique, et fait entrevoir quel haut degré de moralité atteindrait Martin sous la férule d'un cornac qui serait à la hauteur de sa mission. Malheureusement l'instituteur aurait souvent besoin d'être moralisé autant que l'élève.

Je ne pousserai pas plus loin cette étude physiologique sur Martin. Je crois en avoir assez dit pour rétablir sous son véritable jour la physionomie de cette puissante individualité. La lutte qu'il a eue à soutenir contre celui qui lui disputait la prééminence de la planète offre au premier coup d'œil une anomalie étrange. L'athlète aux formes colossales, au derme invulnérable, aux bras musclés et terminés en pointes d'acier, à la machoire écrasante et terrible a été terrassé par le nain aux membres grêles et débiles, à la peau nue et sans défense. Mais ce dernier avait à sa disposition une arme offensive autrement redoutable que les crocs et les griffes de son adversaire. Au lieu d'avoir comme lui la patte antérieure coulée immobile sur un même plan, ses extrémités pouvaient se replier sur elles-mêmes et former tenaille. C'est cet instrument qui lui a assuré la victoire. Ainsi désarçonné, Martin a dû subir tous les outrages, toutes les vexations du vainqueur sur le vaincu, et sa mémoire a été traînée aux gémonies. Mais il a toujours conscience de sa force, de sa valeur morale, de ses solides qualités, et il a droit de dire à son superbe rival, lorsqu'il le rencontre au détour d'un sentier : Ne cherche pas à m'imposer par tes allures hypocrites ; il y a longtemps que tu es jugé. La seule chose que j'apprécie en toi et que je t'envie est la pince magique que tu fais surgir à volonté entre le pouce et l'index. Sans cette fourche infernale, je n'aurais fait qu'une bouchée de tes maigres os de sophiste, et au lieu de te dire le roi de la création tu ne serais avec tes membres mal adaptés à la course, ton épiderme glabre, tes canines effacées, aussi impropres à la défense qu'à l'attaque, que le plus infime et le plus obscur de mes vassaux. C'est moi qui tiendrais le sceptre de la planète, et elle ne s'en trouverait pas plus mal, car jamais, de mémoire d'ours, on n'a ouï-dire que nous ayons comme toi battu nos femmes et ensanglanté la terre de luttes fratricides.

CHAPITRE XVII.

FAUNE DES MONTAGNES D'AULUS (SUITE). — L'ISARD,
— LE PATRE, — SON COSTUME, — SA PHYSIO-
NOMIE, — SES OCCUPATIONS, — SA POLITIQUE.

Martin n'est pas le seul représentant de l'antique faune des montagnes d'Aulus qui soit
menacé de disparaître sous la triple action des-
tructive du déboisement, du plomb et de la
strichnyne. Il y a longtemps qu'on ne rencontre
plus le sanglier, encore moins le bouquetin, espèce de chèvre sauvage réduite aujourd'hui à
quelques familles cantonnées sur les escarpements les plus inaccessibles de la Maladetta. Un
échantillon empaillé se voit au musée de Luchon.
Les Aulusiens m'ont souvent parlé d'un animal
mystérieux, très redouté des bergeries, qu'ils ap-
pelent *é gat loup* (le chat loup). A leurs descriptions j'ai cru reconnaître le loup-cervier. Il n'a
pas encore complètement disparu, car dans l'automne de 1883 on l'a signalé aux environs
d'Ustou où il occasionnait de grands dégâts parmi les troupeaux. Un de ces carnassiers tué en
1829, sur les montagnes d'Ax, est une des curiosités du musée de Foix. Le chat sauvage, naguère encore très commun, suit le sort du loup

et du renard qui, traqués de toutes parts, deviennent de jour en jour plus rares. Dans quelques années il ne restera plus de cette population de fauves que le blaireau, qu'on laisse en paix étant inoffensif.

L'animal le plus répandu aujourd'hui sur ces montagnes, malgré la chasse incessante dont il est l'objet, est le chamois, plus connu dans les Pyrénées sous le nom d'isard. Quand on le prend jeune il s'apprivoise aisément et devient aussi famillier qu'une chèvre domestique. L'été, il habite les hautes cimes où on le voit en troupes souvent nombreuses, surtout sur le versant espagnol moins fréquenté que le nôtre par le le pâtre et le braconnier. A la pointe du jour il descend de ses retraites et se met à paturer sur les premiers plateaux qu'il rencontre. Comme il supporte mal la chaleur il se retire lorsque le soleil devient trop ardent, c'est-à-dire vers les 9 heures, et va se reposer à l'ombre de quelques rochers escarpés. Sur les 4 heures, quand l'atmosphère commence à s'attiédir, il reparaît aux pâturages et ne les quitte plus qu'au crépuscule, pour regagner son gîte nocturne. Ce n'est que là, pendant qu'il sommeille, qu'on peut le tirer. Doué d'un odorat et d'une ouïe très subtils, et d'une méfiance excessive, il paît volontiers à côté des brebis, comprenant qu'il n'a rien à redouter de ces bêtes inoffensives. Mais dès que la silhouette du pâtre se dessine à l'horizon, on le voit s'enfuir dans la direction opposée, rapide comme l'éclair, franchissant les précipices avec une célérité qui tient du prodige. Celui qui lui donne la chasse doit donc, au préalable, reconnaître le sommet de la montagne où il se remise pour dormir, et le surprendre avant l'aube. On choisit une nuit claire qui permette de gravir ces escarpements d'accès difficile, et d'éviter les abîmes que presque toujours ils cotoient. Comme un membre de la troupe est constamment en vedette, le nez au vent, pendant que ses compagnons reposent, il faut s'assurer de quel côté souffle la brise, afin de tourner la sentinelle et marcher dans le plus profond silence. Ces difficultés, ces fatigues, les dangers auxquels on s'expose, arrêteraient le braconnier le plus intrépide, si l'appas du gain ne venait raviver son courage. C'est que la chair du chamois n'est pas moins prisée dans les stations thermales des Pyrénées que dans celles des Alpes. A Aulus, un maître d'hôtel manquerait à ses devoirs, s'il ne servait du civet d'isard deux ou trois fois par semaine. Quand les neiges couvrent la montagne, ces animaux descendent de leurs solitudes, et il n'est pas rare de les voir dans l'après-midi traverser la colline qui domine le village, et à laquelle ils ont donné leur nom. Ne trouvant plus de pâturages ils brouttent l'extrémité des branches de sapin, et au besoin , l'écorce des arbres.

Cette esquisse de l'antique faune des montagnes d'Aulus serait incomplète si je ne consacrais quelques lignes au pâtre, qui en est l'échantillon le plus curieux. Seulement, ce n'est pas dans le village qu'il convient de l'étudier de près, c'est aux pieds des glaciers, au milieu de ses vaches au moment où il vous offre son écuelle de lait. Ses traits sont réguliers, sa physionomie sévère et expressive ; le nez fortement arqué rappelle comme un vague indice d'oiseau de proie ou de race conquérante ; le vieux costume pyrénéen qu'il porte encore dans toute sa coquetterie primitive fait ressortir sa haute taille ; c'est le même que celui du muletier catalan, son voisin ; seulement, les neiges ont modifié la couleur et l'épaisseur du vêtement , toutes les pièces sont taillées dans le même drap, d'un gris terreux ; une large ceinture bleue ou rouge tranche avec des jarretières bariolées sur l'ensemble ; les guêtres s'arrêtent juste au point où finissent les culottes et laissent le genou à découvert lorsqu'il est assis. Un chapeau rond aux bords relevés en gouttière, qu'il pose sur son bonnet phrygien , lui sert de parasol l'été, de parapluie l'hiver ; les jours de cérémonie , il jette sur ses épaules une immense houppelande fauve, meuble patriarcal, transmis de génération en génération.

Devant ces rudes natures de pâtres, on songe involontairement aux Gaulois des premiers temps historiques, qui firent trembler le monde ancien. Les descriptions de César, de Diodore, de Tite-Live paraissent d'une vérité saisissante ; ce sont bien là les descendants de ces races aventureuses que les Brennus conduisaient tantôt à l'assaut du Capitole, tantôt au pillage de Delphes, tantôt à la conquête des riches empires de l'Orient. Guerriers intrépides, mais incapables de discipline , rudes aux frimas , et fondant à la chaleur, marchant nus aux batailles, et portant sur leur dos une botte de foin pour avoir un siège à leur moment de halte et un oreiller dans leur sommeil ; moins ambitieux aujourd'hui, moins prompts aux aventures, ils se contentent, quand la famille est trop nombreuse, d'émigrer dans la plaine. C'est parmi eux que Bordeaux, Toulouse et Marseille recrutent leurs portefaix et leurs manœuvres. Ce sang jeune et vigoureux, mêlé à celui des habitants, renouvelle la sève à mesure qu'elle s'alanguit dans l'atmosphère des cités populeuses où tout s'étiole à la longue et disparaît. Ceux qui restent au village se transportent l'été sur la montagne avec leur bétail ; un misérable gourbi de terre et de branchages, où l'on ne peut entrer qu'en se courbant, et qui ne renferme qu'une maigre couchette de feuilles sèches, leur sert d'abri. Toute la belle saison se passe à engraisser les troupeaux et à faire des fromages. Le petit-lait qui reste, mélangé avec un peu de pain noir, constitue leur nourriture ; vers juillet et août, ils coupent le foin des prairies qui s'étendent au bas des grands escarpements et l'emmagasinent dans des granges pour les besoins de l'hiver. Aux premiers froids, ils redescendent dans le vallon, renferment leurs bêtes dans les étables, et, deux fois par jour, font le trajet du bourg à la grange pour veiller à leurs besoins ; cette besogne terminée, vous les voyez au bas du village, debout, les mains dans leur large ceinture de laine bleue, ou appuyés sur un long bâton, immobiles, les pieds dans la neige, le visage fouetté par la bise de la montagne ; on dirait les vieillards bibliques assemblés le soir aux portes de la ville et discutant les affaires de la cité. Ici, tout se réduit à savoir si l'hiver sera long, si l'on a assez de fourrage pour arriver au printemps, si le Gouvernement continue toujours d'empiéter sur les droits de la commune. Leur seule occupation, en dehors des soins que réclament leurs troupeaux, est de récolter un peu de maïs au fond du vallon. Cette existence oisive de pâtre, cette vie simple et frugale, et par-dessus tout l'air léger des montagnes, permettent à leurs membres de se développer à l'aise et d'atteindre ces hautes statures qui font l'admiration des étrangers ; presque toutes leurs recrues entrent dans la grosse cavalerie. Pour des raisons inverses, on remarque une diminution progressive dans la taille à mesure qu'on s'éloigne des hauteurs ; dans le vallon d'Ercé, qu'on rencontre en quittant celui d'Aulus, les cultures se montrent, la vie agricole prédomine sur la vie pastorale ; il fau' des efforts plus grands pour travailler le sol, on a souvent des fardeaux à porter sur la tête ; les hommes y sont moins grands, mais plus larges d'épaules ; il en est ainsi jusqu'à Saint-Girons. Au-delà s'ouvre la plaine ; là, nourriture végétale, boissons alcooliques, chaleurs estivales, travaux continuels, pression atmosphérique, tout conspire pour arrêter la croissance ; les hautes tailles ont disparu. Disons aussi que l'hiver rigoureux des montagnes suffirait pour assurer aux populations des hautes vallées du Couserans leur supériorité sur les gens de la plaine. En effet, toutes les constitutions délicates succombant dès le bas âge aux rigueurs du froid, il ne reste que les natures robustes, et celles-ci, se croisant sans mélange, perpétuent la vigueur de la race. Cette observation s'étend à la chaîne entière des Pyrénées, on peut ajouter à tous les systèmes de montagnes.

Les femmes sont également grandes et fortes ; leur accoutrement n'est pas moins remarquable que celui des hommes ; leurs jupes collantes, leur justaucorps serré à la taille, leur tablier qui monte jusqu'à la gorge et leur coiffure blanche, les font ressembler de loin à des sœurs grises. Cette coiffure, partie la plus originale du costume, consiste en un morceau de toile coupé en triangle ; deux des bouts se rejoignent sur la nuque, tandis que le troisième, retombant en arrière, dessine un pentagone régulier dont la pointe inférieure va toucher le milieu de l'échine. Cette roideur géométrique donne à ces physionomies immobiles comme un air vague de statue égyptienne. Les manches du justaucorps, s'arrêtant au coude, laissent flotter un bout de chemise et montrent l'avant-bras à découvert. Il faut ajouter que ce vêtement, encore en honneur dans les hautes vallées du Couserans, a presque complètement disparu d'Aulus, par suite de l'affluence chaque jour plus grande des étrangers ; on ne l'aperçoit guère aujourd'hui que parmi quelques femmes des environs qui viennent le dimanche vendre des fruits. Le costume des hommes est également menacé de disparaître sous peu. Déjà les jeunes gens du village ont allongé leurs culottes courtes, régularisé la coupe du gilet et de la veste, abandonné la ceinture aux autorités municipales, dit adieu aux guêtres et au bonnet phrygien ; les bords du chapeau ont perdu leurs proportions extravagantes ; enfin la houppelande fauve du pâtre a fait place à un manteau noir de citadin. Les vieillards secouent tristement la tête quand on leur parle de ces nouveautés, et peut-être ont-ils raison. Leur faites-vous valoir qu'on est mieux à l'aise pour travailler dans un large pantalon que dans des culottes étroites, ils répondent que cela peut être bon à la ville, mais que, dans les champs, les jambes étant souvent mouillées, on n'avait qu'à quitter ses guêtres pour être sec, tandis que les pantalons, gardant l'humidité, traînent après eux une foule de rhumatismes, maladie fréquente aujourd'hui sur la montagne.

Si le costume ne cède le terrain que pas à pas, les mœurs sont encore plus tenaces ; près d'un demi-siècle de contact avec les étrangers n'a pu forcer ces rudes natures à renoncer à leurs habitudes de pâtres oisifs et à embrasser des carrières qui répondissent mieux aux besoins et à la prospérité de leur station thermale. Ils préfèrent laisser ce souci aux gens du dehors.

Presque tous leurs hôtels et buvettes sont tenus par des étrangers ; ce sont les chasseurs de Vicdessos qui les approvisionnent d'isards, les femmes des vallées voisines qui apportent les œufs, la volaille, les légumes, les fruits. Deux individus seulement, à ma connaissance, ont su profiter des conditions nouvelles que la découverte de l'eau minérale faisait à leur pays : ils se sont faits pêcheurs. C'est la seule industrie indigène que j'ai rencontrée dans le village. Il est vrai de dire que la truite abonde dans les gaves froids des Pyrénées et qu'elle est hautement appréciée par tous les connaisseurs. Le reste de la population virile est encore tout entier à la vie pastorale. Dans vos visites aux lacs, aux glaciers, aux cascades, vous rencontrez souvent une hutte perdue au milieu des roches, au bord d'un ruisseau ; les propriétaires ne sont pas éloignés. Dès qu'on vous a aperçu, un jeune berger s'avance, les lèvres barbouillées de fraises ou de baies de myrtil, et vous propose du lait *de la montagne;* en même il tire d'un coin de sa bauge une grosse terrine remplie de la crème la plus fraîche qu'on puisse imaginer. Une espèce de petite écuelle, taillée dans un morceau de bois, sert à la fois de cuillère et de tasse ; comme vous contemplez la forme insolite de l'ustensile, le Tytire s'offre à vous le vendre, ajoutant que, l'an dernier, un Parisien en a payé un semblable quarante sous. Obtenir d'un touriste une petite pièce de monnaie, telle est la suprême ambition de ces pauvres gens.

La génération qui s'élève paraît mieux comprendre ses intérêts, et on peut dire que les enfants savent déjà mettre à profit la visite des étrangers; tous parlent le français, idiome inaccessible à la plupart de leurs parents. Les jeunes filles courent les montagnes à la recherche des fraises, des framboises et des champignons. Les garçons, je parle des plus déguenillés, s'assemblent, sur les deux ou trois heures du soir, devant l'établissement de bains, au moment où commencent à arriver les malades; il n'est sorte de bouffonnerie qu'ils ne proposent pour gagner leur *petit sou*. Un des amusements les plus comiques consiste à placer une pièce de monnaie au milieu de la fontaine; le galopin s'engage à la ramasser avec la bouche, ce qui ne peut s'exécuter, quelque dextérité qu'il y apporte, qu'en affrontant le robinet et en recevant une douche d'eau froide. Pour dix centimes jetés dans le gave on a le spectacle d'une lutte aquatique; les assistants suivent les péripéties de la lutte, appuyés sur le parapet du pont de bois ou assis sur la berge. D'autres fois, deux ou trois bambins grimpent la colline qui s'élève derrière la buvette, s'alignent et, à un signal donné, descendent de toute leur vitesse; la pente est si rapide qu'à chaque pas ils glissent, tombent sur l'échine, roulent ainsi un moment, se redressent et recommencent; de là des réclamations interminables pour reconnaître celui qui a le plus de droit au prix. Cette âpre soif du gain, indice de la pauvreté du pays, atteint un degré de ténacité incroyable chez tous ces montagnards; rien de plus amusant et de plus triste à la fois que de suivre les diverses phases qu'a eu à subir l'établissement thermal pendant qu'il était aux mains de petits propriétaires; tel champ contenant une source douteuse est partagé entre dix individus; si l'un se décide à vendre sa portion, les autres aussitôt d'élever des prétentions exorbitantes, ce qui rend tout marché, par suite toute extension thermale, impossible. Il y a quelquelques années, un capitaliste de Toulouse, ayant formé le projet d'organiser une compagnie pour l'exploitation des eaux, s'aboucha avec le propriétaire d'une source. Après de longs pourparlers, ils étaient parvenus à s'entendre et se rendaient chez le notaire, lorsque la femme du paysan déclara qu'elle aussi, étant propriétaire, voulait être payée autant que son mari. Nouveaux délais.

Cependant le Toulousain accepte et consent

à doubler la somme. Les voilà donc tous trois réunis chez le tabellion. Au moment de signer, les époux se ravisent et demandent à insérer une clause dans l'acte de vente ; ils veulent qu'on leur assure le quart des bénéfices dans le cas où l'acquéreur viendrait à fonder un établissement.

« J'ai l'intention de dépenser 100,000 francs, répond le Toulousain, versez-en 25,000, vous aurez droit au quart que vous réclamez. — Impossible, mon bon Monsieur, répond le pâtre de son air le plus piteux ; nous autres, pauvres gens de la montagne, nous n'avons pas le premier sou, mais nos bras sont solides ; quand vous bâtirez, nous vous aiderons, ma femme et moi, comme manœuvres. »

Il a fallu de longues années à ces natures sauvages pour se faire à l'idée de recevoir des étrangers chez eux. Au lieu de voir dans un malade une poule aux œufs d'or, comme ils commencent à le faire aujourd'hui, ils le considéraient comme une sorte de pestiféré venant salir leurs récoltes et pouvant infecter de son mal la population du bourg. Aussi les premiers arrivants étaient-ils reçus à coups de fourches toutes les fois qu'ils s'avanturaient dans un champ. Puis vinrent les rivalités des propriétaires des diverses sources. Chacun avait son chemin particulier pour conduire à la buvette et n'entendait pas que la clientèle du voisin vint passer sur ses terres. Un nouvel établissement de bains s'étant fondé à côté de l'ancien, le propriétaire de ce dernier fit aussitôt élever un mur qui cachait entièrement la nouvelle bâtisse. Un autre jour, on vit le pont qui conduisait à l'une des buvettes gardé par une sentinelle armée d'une hache. On eut quelque peine à faire comprendre à cette brute qu'une telle enseigne était mal choisie pour attirer du monde ; que les malades, gens peu guerroyants de leur nature, iraient chercher ailleurs des eaux plus paisibles et que sa source redeviendrait sous peu ce qu'elle était naguère, une mare à crapauds. Ce n'est que lorsqu'ils ont vu leurs champs centupler de valeur et les pièces d'or circuler dans le village comme autrefois les sous de cuivre, qu'ils se sont ravisés. Ils savent aujourd'hui que l'étranger leur apporte, chaque année, une moisson autrement abondante que celle qu'ils retirent de leur maigre vallon. Aussi, s'abstiennent-ils de gestes comminatoires à la vue d'un promeneur indiscret, essayent même quelquefois de sourire aux passants, mais réussissent difficilement à adoucir leur rustique physionomie. Ils en sont déjà aux classifications et savent reconnaître le genre de visiteurs le plus profitable. Les premières années ils ne recevaient que des gens du Couserans et du Comté de Foix. Leur suprême ambition était, alors, de voir arriver des Toulousains. Ceux-ci se décidèrent un jour à se diriger vers leurs montagnes, et ils forment encore la majorité de la clientèle. Mais ce n'est pas assez aujourd'hui ; il visent plus haut et demandent des Parisiens. Le Parisien est, pour l'habitant d'Aulus, ce que le boyard russe et le milord anglais sont pour ses confrères des Hautes et Basses-Pyrénées, un nabab qui remue les napoléons comme le gave remue les cailloux... La première, on pourrait dire l'unique chose dont il s'enquiert quand un étranger a besoin de ses services, c'est le lieu de provenance. S'il vient de Paris, il doit payer, comme tel, plus cher qu'un autre. Un dimanche, comme nous assistions à la sortie de la messe, à l'ombre des immenses ormes qui s'élèvent devant l'église, nous vîmes passer une dame dont la mise excita l'attention. Chacun de chercher à deviner sa nationalité ou sa condition d'après ce luxe de toilette, inusité dans ces montagnes. Une femme du bourg passant devant nous trancha la discussion : « C'est une comtesse de Paris ; elle dépense 15 francs par jour. » (1)

(1) Ces lignes furent écrites en 1865. La physionomie du village, des habitants et même de la clientèle thermale a considérablement changé depuis cette époque.

Depuis quelques années, il s'élève à côté de l'ancienne génération exclusivement pastorale, une génération nouvelle qui, formée dans un milieu différent, a des aspirations et des tendances toutes autres. Je veux parler de la partie du village qu'on désigne sous le nom de population industrielle et dans laquelle on range tous les habitants qui participent à un titre quelconque au mouvement thermal. Je citerai en premier lieu les propriétaires des maisons situées sur la grand'rue. La plupart louant des chambres meublées sont, pendant trois ou quatre mois de l'année, en rapports quotidiens avec le monde des grandes villes. Puis viennent les jeunes gens, de jour en jour plus nombreux. La fréquentation des étrangers leur ayant appris à connaître une manière de vivre plus confortable et des professions plus lucratives que celles de leurs parents, ils délaissent les occupations pastorales et se font garçons d'hôtel ou de café, ouvriers, guides, porte-faix, voituriers, etc. A l'heure qu'il est, ils forment un noyau assez compacte pour faire naître le village à la vie politique et le pousser dans le courant des idées libérales. Sous l'Empire, les hommes ne faisaient acte de citoyen qu'aux élections municipales. Ils avaient des droits antiques à sauvegarder des *fueros*, et il importait d'élire pour conseillers des défenseurs intraitables de ces *fueros* qui se résumaient en deux mots : la chèvre et le droit de pacage. La chèvre, qu'on a si justement appelée la vache du pauvre, est une précieuse ressource pour ces populations. Mais les avantages qu'elles en retirent sont loin de compenser le préjudice que cet animal porte aux montagnes. Brouttant les jeunes tiges, il arrête la pousse des taillis et empêche le renouvellement des forêts. Hors, toute pente déboisée est promptement dénudée et ravinée. La terre végétale n'étant plus retenue par le tronc des arbres se laisse facilement entraîner sous la pression des avalanches et des pluies. Ces dénudations sont surtout sensibles sur le versant espagnol plus travaillé que le nôtre par le soleil et les orages, et peut-être pourrait-on dire, sans exagération, que c'est la chèvre qui a le plus contribué à donner aux Pyrénées leur relief actuel. Voulant remédier à cet état de choses, en arrêtant les progrès du déboisement, l'administration des forêts prescrivit aux autorités municipales de veiller à ce que chaque famille ne possédât plus qu'un seul de ces animaux. Une telle interdiction était, aux yeux des pâtres, un monstrueux abus de pouvoir contre lequel ils protestaient aux élections communales en éliminant de la liste les conseillers qui faisaient passer les intérêts de l'Administration avant ceux du village et s'avisaient de compter les chèvres. Il en était de même à propos du droit de pacage établi de temps immémorial sur ces montagnes. La partie industrielle de la population aulusienne, voyant les patentes subir une progression toujours croissante, se plaignait d'être seule à supporter la charge des nouveaux impôts et disait, non sans raison, qu'il serait juste d'exiger des pâtres une redevance annuelle de vingt ou trente sous par tête de brebis et de quatre ou cinq francs par tête de vache qu'on mènerait aux pâturages. C'était pour les propriétaires de troupeaux une épée de Damoclés perpétuellement suspendue sur leurs têtes, et qu'ils cherchaient à éviter en épurant la liste municipale, de telle façon qu'il ne pût s'y glisser aucun nom suspect de connivence avec les patentés. C'est seulement aux époques où s'agitaient autour du scrutin ces questions toutes locales qu'ils donnaient signe vie politique. Quant à l'élection du député de l'arrondissement, ils n'en avaient cure et laissaient à d'autres ce souci, le droit de vote n'étant à leurs yeux qu'une corvée dont ils devaient se dispenser du moment qu'ils n'y voyaient aucun profit pour eux-mêmes. Me trouvant à Aulus un jour de renouvellement du Corps législatif, je fus étonné en passant devant la porte de la mairie de la trouver fermée. Ayant rencontré, quelques pas plus loin, le *magister* qui remplissait les fonctions de secrétaire, je lui témoignais ma surprise.

Nous ne faisons jamais voter, me répondit-il, quand les hommes sont sur la montagne. A quoi bon les convoquer ? Nous savons d'avance qu'ils ne quitteraient pas leurs troupeaux. Peu leur importe, en effet, le nom du candidat qui se présente.

Mais comment faites-vous pour vous mettre en règle avec l'autorité supérieure ?

Rien de plus simple. Le soir du jour fixé pour l'élection, je rédige un procès-verbal de votation comme d'ordinaire. J'y inscris un nombre de bulletins en rapport avec celui des électeurs et nous envoyons cette pièce à la sous-préfecture. De cette façon, personne ne se dérange et chacun y trouve son compte.

Inutile d'ajouter que ce mode électoral n'était pas particulier à Aulus et qu'il se pratiquait dans toutes les communes de la haute montagne, j'oserai même dire dans nombre d'autres localités. Les chefs-lieux de canton ne se montraient guère plus empressés. On ne voyait dans la salle de la mairie que les fonctionnaires et quelques conseillers municipaux, dix ou douze votants, quinze au plus. Comme par ce temps de maires zélés et de préfets à poigne il ne convenait pas de consigner dans le procè-verbal un si mince résultat, on se tirait d'affaire en ajoutant un zéro au chiffre trouvé au fond de l'urne. Ainsi s'alignaient les 7,500,000 suffrages sur lesquels s'échaffauda le second Empire et qu'il jetait à la tête de ses contradicteurs, chaque fois que ceux-ci faisaient mine de discuter la légitimité de son origine. Aujourd'hui le scrutin est aussi sérieux à Aulus qu'ailleurs. Livrés à eux-mêmes, les hommes de l'ancienne génération se montreraient aussi sceptiques, aussi indifférents qu'autrefois. Mais le zèle que déploient, au jour des élections, les jeunes gens et les petits industriels du village leur donne à penser et ils se décident, tout en hochant la tète, à faire acte de citoyen.

CHAPITRE XVIII.

COUTUMES. — FUNÉRAILLES. — MARIAGES.

La vie religieuse est non moins curieuse à observer chez les habitants d'Aulus que la vie pastorale. Leurs funérailles, entre autres, sont empreintes d'une poésie primitive qui rappelle les légendes des mœurs patriarcales. Inutile de dire que le médecin n'est appelé que lorsque le moribond est à toute extrémité. Leur vie sobre et active leur fait supporter le mal sans recourir aux remèdes de la Faculté, et ils ne s'éteignent pour la plupart que par suite d'accidents ou d'extrême vieillesse. Le dernier soupir rendu, les femmes éclatent en sanglots, pendant qu'un membre de la famille va sonner le glas, et qu'une vieille voisine, espèce de sage-femme funèbre, dévolue à ce genre d'opérations, fait la toilette du mort. Cette toilette terminée, l'émotion s'apaise, le silence se rétablit, et toutes les personnes présentes, s'agenouillant autour du lit, égrènent un chapelet. S'il se trouve un assistant quelque peu clerc, on dit les litanies. Quand on juge qu'on a suffisamment prié, lu et récité, on se lève en ajoutant en chœur : « Que

Dieu nous fasse la grâce de nous retrouver tous
dans le ciel ! »

De temps en temps, la porte s'ouvre devant
un voisin qui vient visiter le défunt ; il contemple
un moment la figure, s'assure si les mains
et la poitrine sont assez couverts de chapelets,
de croix, de cierges et de scapulaires ; puis,
s'agenouillant à son tour, marmotte une courte
prière et se retire. Bientôt il ne reste plus que
le personnel chargé de veiller le mort pendant
la nuit. Cette veillée est loin d'être aussi lugubre
qu'on pourrait se l'imaginer ; plus d'une fois
l'assistance passe des larmes au rire. Les hommes
parlent de leurs affaires et de la foire prochaine ;
les jeunes gars lutinent les filles. Au point
du jour, chacun sort pour s'habiller et revient
à l'heure de la cérémonie. On voit alors défiler
silencieusement un à un, les femmes dans leurs
mantes noires, les hommes dans leurs houppe-
landes fauves et leurs énormes chapeaux. Une
escouade de palmipèdes domestiques, allant à
la file de leur pas gauche et traînard, donnerait
une idée assez exacte de la marche du cortège.
Les sanglots de la veille recommencent dans
l'église, au moment où l'on se dispose à se
diriger vers le cimetière. Autour de la fosse
béante se rangent cinq ou six vigoureux gail-
lards tenant chacun une bêche. Par une cou-

tume touchante, ce sont les parents du défunt qui remplissent l'office du fossoyeur, comme un dernier devoir rendu à la mémoire de leur proche. Jusque-là tout s'est passé dans l'ordre ou à peu près ; mais à partir de ce moment, la scène change. A peine le corps est-il déposé à terre, que le chœur des mantes noires, s'agenouillant à l'entour, se laisse aller à toutes les extravagances du désespoir. Leurs bras, alternativement levés vers le ciel et retombant de tout leur poids, rencontrent chaque fois le cercueil et le font résonner d'une façon lugubre. A travers les sanglots, on distingue des lambeaux de phrases qui constituent l'oraison funèbre du défunt. Les derniers incidents de la maladie y sont surtout développés outre mesure.

J'assistais un jour à l'enterrement d'une vieille femme plus qu'octogénaire. La mort était survenue à la suite d'une chute qui lui avait fracturé la jambe. Cette rupture de jambe, l'accident qui l'avait amenée, l'imprudence de la vieille, source première de tout cet enchaînement de maux, fournissait un thème inépuisable à ses filles. « Pourquoi ne m'as-tu pas écoutée ? Ta jambe serait encore intacte. Qu'avais-tu besoin d'aller si vite à ton âge ? Pourquoi ne pas suivre les conseils de ta fille chérie ? Que ne laissais-tu soigner ta pauvre jambe ? Tu serais encore au milieu de nous. Qu'allons-nous devenir sans toi? Pauvre petite mère ! *Ma Mayotto mièbo*. » Cette atmosphère de cris, de sanglots, de soupirs étouflés, de glas funèbre, d'émanations cadavériques est contagieuse pour des gens qui voient là, autour d'eux, la terre encore fraîche qui recouvre leurs proches. A peine les premières pelletées résonnent-elles sur la bière, que la plupart des femmes, quittant le bord de la fosse, se répandent çà et là, chacune sur la dernière tombe d'un parent, et recommencent la scène précédente. Quand le prêtre a quitté le cimetière, les bonnes âmes qui ont su garder leur sang-froid relèvent ces pauvres folles et les reconduisent à la maison mortuaire. On s'agenouille de nouveau ; on récite un *De profundis*, et, au dernier *Amen*, pleurs et sanglots cessent comme par enchantement. Chacun rentre chez soi et reprend ses occupations. Mais la veuve et les filles du défunt ne sont pas quittes de sitôt. Pendant deux ou trois ans, elles doivent assister à la messe en grand deuil, munies chacune d'un cierge. Ce cierge, d'une façon toute particulière, et qui rappelle certains appareils électriques dits *multiplicateurs*, consiste en un long fil de cire blanche enroulé autour d'un morceau de bois d'environ un demi-pied carré de surface. Elles doivent, en outre, à chaque nouvelle funéraille, pour peu qu'elles aient les larmes faciles, se mettre à l'unisson du chœur et fournir leur apport de cris et de lamentations. Quelquefois, s'inspirant des circonstances qui se présentent pour apporter quelques variantes à leur improvisation, elles s'élèvent au pathétique. Une d'elles se lamentait pour la vingtième fois sur la tombe de son mari ; elle voit passer le médecin qui l'avait soigné à ses derniers moments. « Et vous, qui lui répétiez chaque jour qu'il guérirait, le pauvre cher homme..... » Un sanglot acheva sa phrase. Le pauvre cher homme était septuagénaire et hydropique.

D'autres scènes larmoyantes, qu'on retrouve dans la plupart des montagnes du Couserans, se produisent dans les longues messes d'hiver lorsque le pasteur peut sermonner à l'aise ses ouailles. Les sabots qui résonnent sur les dalles, et les toux aiguës qu'on entend sans interruption, aux divers point de l'église, indiquent l'altitude du lieu et la rigueur de la saison. Certaine aigreur flottant dans l'atmosphère fait songer aux émanations butyriques dont sont imprégnés les habits de ces pauvres gens et rappelle leur vie pastorale. Cependant, le bruit des sabots cesse, les toux s'efforcent de devenir moins fréquentes dès que le prédicateur monte en chaire. S'il a, ce jour-là, l'éloquence chagrine, s'il tombe dans ses commentaires sur un texte à peintures sombres, tel qu'une scène de l'enfer, un épisode du jugement dernier, l'auditoire ne tarde pas à subir l'influence de ces descriptions. Quelques soupirs étouffés se produisent d'abord dans la partie féminine de l'assistance et alternent avec les toux récalcitrantes. Bientôt, des visions lugubres traversent les cerveaux comme autant d'éclairs sinistres, les têtes s'affolent et s'affaissent sur les poitrines, on n'entend plus que des sanglots.

Les oratoires, qu'on rencontre presque à chaque pas au milieu de ces montagnes, révèlent un autre côté de la religiosité du pays. Chaque route a son *sacellum* consacré à la divinité protectrice de la localité. Souvent, à côté d'un saint moderne d'assez belle apparence, se tient, piteusement relégué dans un coin de la niche, l'ancien propriétaire du lieu. Les alternances de froid et de chaleur, d'humidité et de sécheresse, ont tellement défiguré ses traits et couturé son épiderme, qu'un antiquaire, le rencontrant dans un musée, le prendrait sans hésiter pour une idole tirée de quelque pagode de Bénarès ou pour un fétiche de Tombouctou. On peut vérifier le fait à Aulus même en jetant les yeux sur la petite niche, élevée jadis en l'honneur de saint

Vincent, patron du lieu, qu'on rencontre à gauche sur le bord de la route, à l'entrée du vallon.

Les légendes ne sont pas moins fréquentes
que les niches des saints. Le lac d'Aoubé avec
ses bruits sourds, l'étang de Lhers avec le sombre aspect du site qui l'entoure en ont de ter-
rifiantes. Quand l'orage éclate sur ces montagnes
et que la grêle menace, les bonnes âmes n'hési-
tent pas à dire que les nuées sont hantées par
les mauvais esprits, *éraï Brouychos*. De là toute
sorte d'exorcismes pour conjurer ces êtres malfaisants. Dans les villages espagnols de la frontière, on ne se contente pas de faires des évoca-
tions ; on cherche à couper le mal dans sa
racine, et, pour y arriver plus sûrement, les
paysans, s'armant de leurs vieilles arquebuses
à silex, dirigent un feu de mousqueterie contre
les nuées malfaisantes, je veux dire contre *éraï
Brouychos*.

Le *lou'mmagré* (loup maigre) est encore une
de ces traditions que les gens du pays vous dé-
bitent avec la plus entière bonne foi. C'est un
être malfaisant, aux proportions colossales, si
on le juge d'après ses féroces appétits. Il apparaît quelquefois au milieu des pâturages, et, en
un clin d'œil, extermine tout un troupeau, fût-il
aussi nombreux que les pierres de la montagne.

Massipou (1), le doyen des *ciceroni* d'Aulus et le plus intarissable conteur du Couserans, ne manquait jamais, quand on le mettait sur ce chapitre, de raconter quelque anecdote du *lou'mmagré*, et de faire connaître les incantations à l'aide desquelles les bergers mettent leurs bêtes à l'abri de sa dent dévastatrice.

Les mariages rappellent également au plus haut degré la solennité de temps antiques. J'eus, une année, la bonne fortune d'assister à une de ces cérémonies. La fête dura trois jours, et, comme dans les trilogies Eschyliennes, présenta trois phases distinctes, qu'on pouvait classer ainsi : la découverte, l'enlèvement, les réjouissances. La veille du jour fixé pour les

(1) Massipou est mort depuis quelques années; citons à son sujet un fait des plus instructifs comme couleur locale.

Dès que je sus qu'il était malade, je fis, avec quelques amis, une souscription pour lui venir en aide. Comme il était paralysé et que les eaux d'Aulus sont héroïques pour ce genre de maladies, je dis à sa fille d'aller prendre chaque matin une bouteille d'eau à la buvette et de la faire boire au malade. Le Régisseur des thermes, que j'avais prévenu, lui assurait la gratuité. La rencontrant deux ou trois jours après, je lui demande si elle a suivi mes prescriptions.

— Non, Monsieur, répondit-elle d'un air embarrassé.

— Et pourquoi?

— Voici : Mon père a bon appétit, quoique malade; si je lui porte de l'eau de la buvette, son appétit va redoubler; l'argent que vous lui avez donné aurait vite disparu. Or, il faut que cet argent dure tout le temps de la maladie; nous avons donc décidé, ma sœur et moi, qu'il fallait se garder de le faire boire.

noces, le fiancé (*é nobi*) réunit une demi-douzaine
de jeunes gars à l'entrée de la nuit, et, après
avoir vidé quelques verres pour se mettre en
gaîté, s'achemina, avec ses camarades, vers la
maison de *la nobio*, disposé à en faire l'assaut.
Pour tout bon montagnard, l'épouse est une
conquête qu'il doit enlever de vive force. Des
cris de joie sauvage, des détonations d'armes à
feu, des coups redoublés frappés à la porte de
la future annoncèrent au village que le premier
acte du drame allait commencer. Aussitôt, touristes et malades d'accourir pêle-mêle avec les
habitants du bourg, pour être témoins d'un
spectacle si inattendu. Mais des bras non moins
vigoureux que ceux du dehors, retranchés à
l'intérieur, soutenaient le siège et faisaient pres-
sentir que la place, je veux dire la jeune fille,
n'était pas disposée à se rendre sans combat.
L'huis, solidement verrouillé, résistait aux efforts des assaillants. En même temps, un dialogue des plus comiques, débité sur le rhythme
pyrénéen, s'échangeait entre le *nobi* et les gens
de l'intérieur.

Voici quelques échantillons de cette littéra-
ture pastorale :

— « Qui frappe ainsi à ma porte ? Réponds-
moi, ô mon fidèle verrou !

« — C'est ton fiancé qui t'apporte une bague en argent et une autre en fin velours.

— Tu es trop laid pour être mon amoureux ; j'en ai refusé de plus beaux que toi.

— Pourquoi ne pas les prendre ? Verrou d'enfer, ouvre-toi ou je t'enfonce à coups de pieds ! »

Ce chant, long et monotone comme une ballade du Romancero, reçoit cependant une certaine animation de la joie bruyante des exécutants, des détonations de la mousqueterie et des coups redoublés qui ébranlent la porte. Le chœur envahissant fait le dénombrement des cadeaux que l'époux apporte à *la nobio* et des félicités conjugales qui l'attendent. Ceux du dedans font les dédaigneux, et on s'envoie des injures à la façon des héros de l'*Iliade*.

Chaque interpellation se termine par une apostrophe des plus touchantes, adressée au *bourrouilh* (verrou). Le *bourrouilh* se laisse enfin fléchir ; la porte s'ouvre, et toute cette cohue de jeunes gens se précipite en avalanche dans la maison, comme pour la saccager. Il s'agit, en effet, de mettre la main sur *la nobio*, cachée dans quelque recoin. Tous les appartements, c'est-à-dire l'étable du rez-de-chaussée, la chambre au-dessus de l'étable, et le grenier au-dessus de la chambre sont fouillés dans tous les sens. On cherche dans la litière des chèvres, dans la paillasse des lits, jusque sous les poutres de la toiture. Tout à coup des cris de joie retentissent ; on a découvert une malade enfouie dans un lit ; nul doute que ce ne soit la mariée. Tout le monde accourt ; on fait descendre la prétendue malade de ses couvertures, on arrache les linges qui recouvrent sa figure, et on reconnaît une vieille du voisinage. Aussitôt les trépignements de joie de redoubler et le sac de la maison de recommencer de plus belle. Plusieurs autres rencontres semblables à celle-ci égayèrent encore les assistants. Enfin, un jeune gars, avisant un sac de charbon dans le recoin le plus obscur du galetas, eut l'idée de le sonder, et, sentant une forme humaine, le chargea sur ses épaules et vint le déposer au milieu de là salle, pendant qu'un autre apportait une énorme botte de paille, tirée de la crèche des vaches. La botte ne recélait également qu'une vieille, mais *la nobio* se trouva dans le sac à charbon et fut adjugée aussitôt à son ravisseur. Une décharge de mousqueterie annonça l'heureuse trouvaille aux gens du dehors, tandis que les invités se disposèrent à faire honneur à un médianoche qui devait clore les fatigues de la journée et les émotions de la lutte.

Nous avons dit que, pour le montagnard d'Aulus, le mariage est un drame aux proportions antiques, dont le prologue était la recherche de la jeune fille, et le second acte l'enlèvement. *La noble* retrouvée, il s'agissait de l'arracher à la à la maison paternelle, en prenant toutefois, chemin faisant, le laisser-passer du maire et du curé, de l'écharpe municipale et de l'étole sacerdotale. Si vous demandez au pâtre ce qu'il pense de cette double cérémonie il vous répondra sans hésiter qu'il n'en voit qu'une de sérieuse : celle qui a pour accompagnement les cierges, les cloches et les autres pompes du culte ; l'autre n'est, à ses yeux, qu'une formalité vexatoire dont il se passerait volontiers , qui n'a qu'une seule chose de bon, c'est de ne pas l'obliger à ouvrir son escarcelle. Qu'on ne s'étonne pas de la naïveté de ces pauvres montagnards ; la plupart de leurs conscrits ne savaient pas encore lire !

Le lendemain, des détonations vinrent nous prévenir, comme la veille , que les acteurs étaient à leur poste. Les invités, reconnaissables à leurs habits de fête, allaient et venaient d'un époux chez l'autre, en attendant l'heure de la cérémonie. La toilette des femmes n'offrait rien de remarquable ; depuis quelques années elles ont renoncé à leur costume national pour échapper sans doute aux regards curieux des étrangers qui visitent leur vallon. Mais les hommes, du moins les vieillards, moins accessibles aux exigences de la coquetterie, conservaient encore l'accoutrement du vieux pâtre pyrénéen, dans sa forme et sa raideur primitives : bonnet phrygien teint en violet, chapeau de feutre à larges bords, par dessus le bonnet phrygien, veste et gilet de gros drap brun, ceinture rouge largement étalée, culottes courtes de même drap et de même nuance que la veste et le gilet, guêtres immenses fixées au-dessous des genoux à l'aide de jarretières bariolées et surplombant d'énormes sabots taillés comme la proue d'un navire.

Nous contemplions ces costumes étranges, ces hautes statures, l'air grave de ces personnages, lorsque, tout à coup, une femme sortant de chez la mariée vient déposer au milieu de la rue une chaise qu'elle recouvre d'une serviette blanche. Quelques instants après nous voyons descendre le cortège de *la nobio*. Celle-ci, habillée comme ses compagnes, restait inaperçue pour nous, lorsqu'une cérémonie des plus bizarres vint nous la faire connaître. Se détachant du groupe, elle alla s'agenouiller devant l'autel qu'on venait d'improviser dans la rue. Aussitôt tous les assistants se mirent en devoir de l'embrasser. Chaque invité défilait devant elle, se baissait pour lui donner l'accolade et déposait un ou deux sous dans une assiette placée à côté de la mariée. Celle-ci se laissait faire tout en sanglotant de son mieux, car il faut que les pleurs soient réels et les larmes visibles si l'on veut échapper aux réflexions des mauvaises langues, qui ne manquent pas de faire entendre des apostrophes de ce genre : *Oh! la mandro! l'y tardo de discha l'oustaou! a l'goueil aouta sec qu'un caliou!* « Voyez donc cette coquine! comme il lui tarde de quitter la maison! elle a l'œil aussi sec qu'un charbon ardent! » Une femme qui, au moment de franchir le seuil de la maison paternelle, ne verserait pas de larmes au souvenir de ceux qu'elle va quitter, serait un monstre aux yeux de tout le village. Cette coutume, quelque bizarre qu'elle puisse paraître au premier abord, ne laisse pas que d'être touchante par le sentiment qui lui a donné naissance. Ces parents qui embrassent leur fille au moment de la séparation, ces voisins qui versent dans la sébile un petit pécule pour l'aider à commencer son ménage (1) sont comme un dernier reflet de la vie patriarcale lorsque la nation n'existant pas encore, la tribu étant à peine ébauchée, la société entière était, pour

______

(1) Un des encouragements donnés aux jeunes filles, dans certaines localités de ces montagnes, est celui-ci : *Té daré un soou quan lé maridés* « Je te donnerai un sou le jour de tes noces. »

ainsi dire, concentrée dans la famille. Il va sans dire que les salves de mousqueterie n'avaient pas été oubliées dans ce moment solennel.

Un nouveau spectacle, non moins attendrissant que le précédent, nous attendait au sortir de l'église. Au moment où *la nobio* allait franchir le seuil de sa nouvelle demeure, et où le beau-père s'avançait pour la prendre par la main et lui souhaiter la bienvenue, la belle-mère, postée à la fenêtre, laissait tomber sur sa tête quelques poignées de blé, symbole de l'abondance qui l'attendait dans la maison de l'époux.

Les cérémonies de la rue, de la mairie et de l'église avaient pris toute la matinée; le reste de la journée fut consacré au festin. Quelles victuailles! Quels estomacs! On pourrait définir le paysan français un homme prêt à faire les honneurs d'un repas quelconque à toute heure du jour et de la nuit. Le montagnard pyrénéen semble la démonstration vivante de cette loi. Sobre comme un bédouin, il passera une année entière avec du laitage, des pommes de terre et de la bouillie de seigle ou de maïs. L'eau est sa seule boisson. Il ne se donne le luxe du vin et de la boucherie qu'une fois l'an, le jour de la fête locale. *Pa, bi et car* (pain vin et viande), tel est le menu de ce moment suprême et le *nec plus ultra* de ses joies gastronomiques. D'ordinaire, deux ou trois familles se réunissent la veille pour partager un veau. Pendant que les uns immolent la victime et que les femmes préparent leurs marmites, les autres vont à la ville chercher quelques pintes de vin qu'ils emportent dans une peau de bouc. Le soir, on se met en appétit à l'aide des bas morceaux de la bête; les pièces substantielles, mises de côté pour le lendemain, sont cuites au four et servies par quartiers énormes. Chacun tire son couteau de sa poche et en détache sa tranche. Un bidon, muni d'un goulot étroit, remplace les verres. Un convive éprouve-t-il le besoin de se désaltérer? il porte le liquide à la hauteur de sa bouche, incline la tête en arrière, savoure quelques instants le jet parabolique qui s'échappe du goulot, et passe le broc à son voisin, pendant que du revers de la main il essuie ses lèvres.

C'est donc une bonne fortune pour le montagnard que d'assister à une noce. Il sent qu'il a à se refaire des longs mois d'abstinence, et il se traite en conséquence. Ce n'est plus un estomac mangeant à sa faim, c'est une outre qui s'approvisionne, c'est-à-dire qui engloutit. Aussi, tout vacarme avait cessé au dehors; la joie était silencieuse et contenue à l'intérieur; on ne voyait, dans la rue, que deux ou trois vieilles mendiantes qui, accroupies à côté de la porte des mariés, profitaient de la circonstance pour demander l'aumône aux passants. De petits bambins, l'œil fixé sur la fenêtre d'où s'échappait un vague bourdonnement, semblaient attendre impatiemment quelque chose. En effet, un des invités venait par intervalles décharger un vieux pistolet à silex, et la bande enfantine de disparaître aussitôt comme une couvée de poussins effarouchés. Ces armes, qu'on croirait tirées de quelque musée du moyen âge, ne sont pas sans danger, et trop souvent le canon, dévoré par la rouille, éclate entre les mains de l'imprudent.

Inutile d'ajouter que les danses succédèrent aux libations ; mais les têtes alourdies ne pouvaient donner aux jambes le rhythme convenable. Il fallait une nuit de repos pour permettre à l'estomac de rentrer dans ses limites naturelles et aux membres de reprendre leur souplesse. On songea donc à se retirer et à remettre au lendemain ce qu'on n'avait pu exécuter la veille. Toutefois, une journée si bien commencée ne pouvait se terminer sans quelque cérémonie aussi bizarre que celle de la matinée. En effet, comme les époux venaient d'entrer dans le lit nuptial, un loustic vint leur apporter, dans une énorme terrine, une soupe confectionnée à leur intention. C'était une espèce de breuvage dont l'ail et le poivre formaient à la fois le fond et l'assaisonnement. Quelques couplets appropriés à la circonstance et sortant, comme par soubresauts, de voix avinées, servaient d'épithalame et devaient, par leurs crudités joyeuses, mettre les esprits du jeune couple à l'unisson de la potion héroïque qu'on leur présentait. La nature et la dose du condiment laissaient assez deviner tout ce qu'il y a de sauvagerie réaliste dans cette coutume.

Le jour suivant, les fumées de la veille s'étant dissipées, les esprits étaient plus alertes ; la joie devint plus expansive. Ce fut, à proprement parler, le jour des réjouissances, c'est-à-dire de cette joie folle qui, à certains moments, s'empare du montagnard. La chambre des mariés se trouvant trop petite ou trop embarrassée pour qu'on pût s'ébattre à l'aise, on vint danser dans la salle d'une auberge. C'est là que nous pûmes nous rendre compte de la façon dont les pâtres d'Aulus comprennent les ébats chorégraphiques. Trois polissons, dont le plus âgé n'avait pas plus d'une quinzaine d'années, s'étaient chargés de la musique. Le chef d'orchestre, armé d'une houlette, marquait la mesure sur les planches du parquet avec un entrain qui enlevait les jambes des danseurs. En même temps, les trois exécutants se livraient à un assaut de *larira* des plus extravagants. Les danses, qui avaient débuté par une bourrée circulaire, dans laquelle chaque couple tournoyait sans cesse en pirouettant sur lui-même, offraient par intervalle des effets de gigue impossibles à dépeindre. Les chaussures donnaient au spectacle une physionomie toute particulière. Bien que nous fussions en pleine canicule, beaucoup d'invités, conservant le costume traditionnel, étaient en sabots. Ne se trouvant pas assez dégagés pour donner à leurs mouvements l'ampleur nécessaire, quelques-uns les quittèrent et se trouvèrent nu-pieds. Les plus élégants portaient, en guise d'escarpins, de gros souliers ferrés, comme on en voit encore parmi les rouliers du Limousin. Les clous qui se détachaient des semelles, à la suite des entrechats homériques de nos danseurs, ne gênaient nullement les évolutions de ceux qui n'avaient plus que leur épiderme pour chaussure. Leurs pieds étaient trop façonnés aux chemins cailouteux de la montagne pour s'étonner de si peu. Il y avait cependant de quoi faire réfléchir tout autre qu'un pâtre pyrénéen. Le lendemain, on s'aperçut, en effet, que le parquet était couvert de ferraille ; l'aubergiste la ramassait par pelletées.

Ce bal permit à la plupart des curieux de contempler à leur aise les traits de *la nobio*. Je dis la plupart des curieux, car j'en vis plusieurs obligés de quitter la salle, ne pouvant résister plus longtemps à l'atmosphère de poussière que soulevaient les danseurs, au tintamarre de l'orchestre, des sabots et des souliers ferrés , et surtout à certaines émanations de petit-lait aigre, qui s'exhalaient des habits de tous ces montagnards. La *nobio* était une grande paysanne , aux allures un peu gauches ; ses traits, fortement accentués, accusaient l'âge mûr ; elle touchait, en effet, à la trentaine. Comme je témoignai mon étonnement, j'appris que les jeunes filles de la montagne ne se mariaient guère qu'aux dernières limites de la jeunesse. Les difficultés de la vie, dans ces contrées où l'hiver est si long et le vallon si étroit, expliquent suffisamment ces retards, évidemment involontaires. En revanche, cette maternité tardive contribue, autant que l'air pur de ces gorges, à entretenir une population saine et robuste. Ici, point de ces enfants à mine chétive et souffreteuse qu'on rencontre si fréquemment dans les villes, où les parents marient souvent leurs filles avant qu'elles aient atteint l'âge nubile. Les familles sont, en outre, très nombreuses, comme chez toutes les fortes races ; il n'est pas rare de rencontrer sept ou huit enfants dans une maison.

L'attachement que ces femmes portent à leur mari rappelle les traditions patriarcales des temps antiques. Il suffit, pour s'en convaincre, d'être témoin du deuil d'une veuve. Le deuil dure des années ; on peut dire, sans exagération, qu'il est interminable. Chaque dimanche, à la sortie des offices, visite au cimetière, non pour y déposer froidement une fleur ou marmotter une prière, mais pour y renouveler chaque fois les scènes de lamentation qui se produisent aux funérailles. Les larmes coulent aussi sincères, aussi abondantes que le premier jour. L'idée seule de convoler à de secondes noces leur semble un sacrilège à la mémoire du mort. Je me promenais un jour sous les grands ormes qui bordent le cimetière d'Aulus, lorsque je fus distrait par la voix d'une femme qui se lamentait. Au milieu de ses exclamations et de ses sanglots, je recueillis les phrases suivantes : « Mon pauvre Pierre ! *O l'meou Pierrou !* on t'a dit sans doute que j'allais me remarier : ne crois pas un mot de tout cela. Ce sont les mauvaises langes qui veulent me brouiller avec toi. Moi ! me remarier et oublier mon pauvre *Pierrou !* Comment as-tu pu croire à ces mensonges ! » Elle continua sur ce ton jusqu'à ce qu'elle tombât épuisée de fatigue. J'appris plus tard que cette pauvre folle était veuve depuis plusieurs années. Le drame indien, si riche en exemples de fidélité conjugale, n'offre pas de scène plus pathétique.

Quelque incomplète que soit cette esquisse, elle suffira cependant, nous osons l'espérer, pour donner un aperçu du sol, du paysage, des habitants du Haut Conserans. Comme nous l'avons dit au début de cette étude, chaque vallée est une terre vierge avec ses traditions, ses coutumes, ses mœurs encore empreintes de la rudesse des vieux Celtes. Les montagnes les plus riches peut-être des Pyrénées en gisements métallifères, rappellent les sites grandioses des régions alpestres. La population est en harmonie avec cette mâle et vaillante nature; intelligente, active, elle possède toutes les énergies que réclame le travail pour être fécondé et rendu productif. Jamais d'ailleurs race plus virile, plus fortement trempée pour le labeur et la fatigue. On dirait qu'il court dans les veines de ces montagnards quelque chose de l'âpreté granitique du sol, et chacun d'eux porte sur son front cette fière devise des comtes de Foix : *Toco-y se gaouzos.* (Touches-y si tu oses.)

Les détails que nous avons donnés sur la vie intime des habitants permettent de dire que, dans aucune partie de la chaîne des Pyrénées, il n'existe une population reflétant à un aussi haut degré la physionomie des premiers âges. Partout, dans la grandeur sévère du paysage comme dans la simplicité de la vie pastorale, se lit, à travers l'empreinte des siècles, la majesté des temps antiques. Hâtons-nous donc de saisir à grands traits, et de fixer les derniers vestiges de mœurs qui vont chaque jour s'éteignant. Le sifflement de la locomotive, qu'on entend déjà à Saint-Girons, avertit le pâtre des hautes vallées que son tour est venu de déposer sa vieille défroque celtique, et de se laisser absorber comme unité indistincte dans la grande unité française. Cette transformation devient de jour en jour plus sensible ; la plaine gagne chaque année sur la montagne, et l'on peut affirmer que notre génération verra s'éteindre le dernier représentant des vieilles traditions du Couserans.

CHAPITRE XIX

ANALYSE DES EAUX MINÉRALES D'AULUS PAR LE DOCTEUR GARRIGOU ET PAR M. WILLM DE LA FACULTÉ DE MÉDECINE DE PARIS. — LISTE DES MALADIES QUI SE TRAITENT PAR CES EAUX. — DISTINCTIONS HONORIFIQUES DONT ELLES ONT ÉTÉ L'OBJET DE LA PART DU CORPS MÉDICAL ET DES SOCIÉTÉS SAVANTES.

Les sources minérales d'Aulus émergent d'une couche d'alluvion qui repose sur le terrain dévonien. La température des trois principales, dites sources des grottes, est en moyenne de 18 degrés centigrades. Elles ont été analysées à plusieurs reprises, par divers chimistes, mais nous ne donnons ici que l'analyse qui a été faite par le docteur Grrrigou, comme étant la plus récente et de beaucoup la plus complète. Parmi les substances nouvelles signalées par le docteur Garrigou, et qui avaient échappé à ses prédécesseurs, nous citerons seulement la lithine et le mercure. On n'ignore pas que c'est à la lithine que les médecins attribuent l'efficacité de certaines eaux dans le traitement de la gravelle, et on s'explique ainsi comment les personnes atteintes de cette maladie guérissent à Aulus, aussi bien et peut-être mieux qu'à Vichy, Contrexeville, Capvern, etc. Quant au mercure, si le docteur Garrigou ne l'a signalé jusqu'ici que dans la source des Trois Césars, la dernière analysée, c'est uniquement parce qu'il ne l'avait pas cherché dans les autres, ne pensant pas, quand il fit ses premières recherches, que cet élément existât dans les eaux d'Aulus. Il se propose de compléter ses analyses, à ce point de vue, et les divers griffons provenant, suivant toute probabilité, d'une commune origine, tout porte à croire que le mercure sera rencontré dans les sources Darmagnac et Bacque, comme il l'a été dans celle des Trois Césars. Les chiffres donnés dans les analyses sont rapportés à un litre d'eau.

SOURCE D'ARMAGNAC

		gr.
Acide Carbonique		0.1166
» Sulfurique		1.3288
» Silicique		0.0940 ?
» Phosphorique		indiqué
» Borique		traces ?
Chlore		0.0245
Fluor		traces
Iode		id.
Potasse		0.0030
Soude		0.0590

Lithine 0.0005
Ammoniaque 0.00014
Rubidium .... traces très faibles
Chaux ....⎫
Strontiane ....⎬ 0.7881
Magnésie 0.0736
Alumine. Assez abondante, mais non dosée.
Chrôme .... très sensible
Fer 0.0031
Cobalt .... id. ?
Nickel .... id. ?
Cuivre 0.0001
Plomb .... traces
Arsenic .... id.
Tellure .... id.
Matière organique 0.0950

SOURCE BACQUE

gr.

Acide Carbonique 0.1982
  »   Sulfurique 1.2098
  »   Silicique .... 0.0605 ?
  »   Phosphorique .... indiqué
  »   Borique .... traces ?
Chlore ....
Fluor .... traces
Iode .... id.
Potasse 0.00275

Soude 0.0038
Lithine 0.00042
Ammoniaque...................... 0.00014
Rubidium................. traces très faibles
Chaux ....⎫
Strontiane.. ....⎬ 0.7503
Magnésie........................... 0.0720
Alumine. Assez abondante, mais non dosée.
Chrôme........................ très sensible
Fer .... 0.0025?
Cobalt. .... traces
Nickel............................. id. ?
Cuivre............................. 0.0001
Plomb.............................. traces
Arsenic............................ id.
Tellure .... id.
Matière organique................. 0.0950

SOURCE DES TROIS CÉSARS

	gr.
Acide Carbonique libre	0.1021
» Carbonique fixe.................	0.0034
» Sulfurique.....................	1.2788
» Phosphorique..................	traces
» nitrique.......................	traces
» Silicique	0.0148
Chlore...........................	0.0015
Iode.............................	traces

Soude...	0.0031
Potasse......................................	0.8027
Lithine......................................	traces
Ammoniaque.................................	0.0001
Chaux, strontiane, baryte...	0.8332
Magnésie.....................................	0.0749
Alumine.................................	traces nettes
Chrôme..	traces
Fer..	0.0033
Manganèse..................................	0.00002
Zinc..	abondant
Cobalt et nickel........................	très net
Cuivre et argent.......................	abondant
Mercure...	très net
Plomb	0.00015
Arsenic.............................	0.000022
Etain et tellure..........	traces très faibles
Antimoine.	traces
Matière organique...................	0.0148

Les sources Laporte et Calvet ont été analysées d'abord par M. Filhol, de la Faculté des sciences de Toulouse, puis par M. Willm, chef des travaux chimiques à la Faculté de médecine de Paris.

Voici l'analyse de M. Willm.

Température au Griffon, 14 degrés.

Acide carbonique...........Total	0.0828
Carbonate de chaux................	0.0859
Bi-carbonate de chaux............	0.1237
Carbonate ferreux................	0.0086
Bi-carbonate de fer..............	0.0119
Carbonate de manganèse..........	0.00025
Bi-carbonate de manganèse.......	0.00038
Silice............................	0 0185
Magnésie (libre silicatée)........	0.0113
Sulfate de chaux.................	1.9210
Sulfate de magnésie..............	0.2271
Sulfate de soude.................	0.0157
Sulfate de potasse	0.0076
Chlorure de sodium..............	0.0031
Phosphate........................	traces
Arseniate........................	traces
Lithine cuivre...................	traces
Matières organiques.............	traces
Pour solde du résidu solide...	2.29905

L'arsenic est contenu dans l'eau dans la proportion de 0.0003 par litre et la lithine dans la proportion de 1.0001, soit 0.0008 de sulfate de lithine.

Voici la liste des maladies qui se traitent avec succès par les eaux d'Aulus. Les personnes qui désireraient des indications plus précises ou

plus détaillées pourront consulter les ouvrages
que le docteur Bordes-Pagés et le docteur Alriq
ont publié à ce sujet. Rappelons que ces eaux
réveillent au plus haut degré les fonctions vi-
tales, possèdent une action héroïque dans le
traitement des dermatoses rebelles, et de l'avis
des praticiens qui les ont vues à l'œuvre, notamment du docteur Garrigou, sont uniques en
France, et peut-être en Europe comme dépuratives.

1° Maladies provenant de quelque vice de
la digestion, c'est-à-dire maladies du foie, de
l'estomac et des intestins ;

2° Anémie, chlorose, paralysie ;

3° Affections dartreuses ;

4° Maladies syphilitiques invétérées (accidents secondaires et tertiaires) ;

5° Rhumatismes goutteux ;

6° Gravelle et en général toutes les affections
des organes génitaux et urinaires.

Les eaux d'Aulus ont été, à diverses reprises,
l'objet des distinctions les plus flatteuses.

Devant les cures rapportées dans la brochure
du docteur Bordes-Pagés et la propagande que
faisaient les malades en racontant ce qu'ils
avaient vu, les corps savants ne pouvaient manquer de s'intéresser à la jeune station thermale.
En 1873, le congrès médical de Lyon appelait

l'attention des praticiens sur l'action de ces eaux dans le traitement de certaines affections spécifiques. A l'exposition internationale qui eut lieu à Paris, en 1875, une seule médaille d'or était réservée à la section des eaux minérales ; ce fut Aulus qui l'obtint. Les autres eaux, si renommées d'Europe, n'eurent que des médailles d'argent ou de bronze. Plus récemment, Aulus a figuré, avec le plus grand honneur, à l'exposition universelle de Philadelphie et à celle de Paris, de 1878, où se trouvaient réunis des spécimens des principales eaux minérales du globe. L'analyse que le docteur Garrigou avait faite de ces sources, en 1873, aida puissamment à ce mouvement de propagande, en faisant connaître dans ces eaux la présence de certains éléments minéralisateurs qu'on était loin d'y soupçonner.

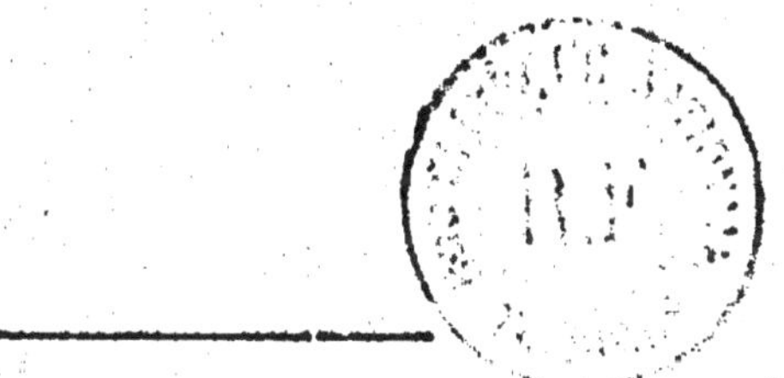

TABLE DES MATIÈRES

Foix, imp. Pomiès. 8538.

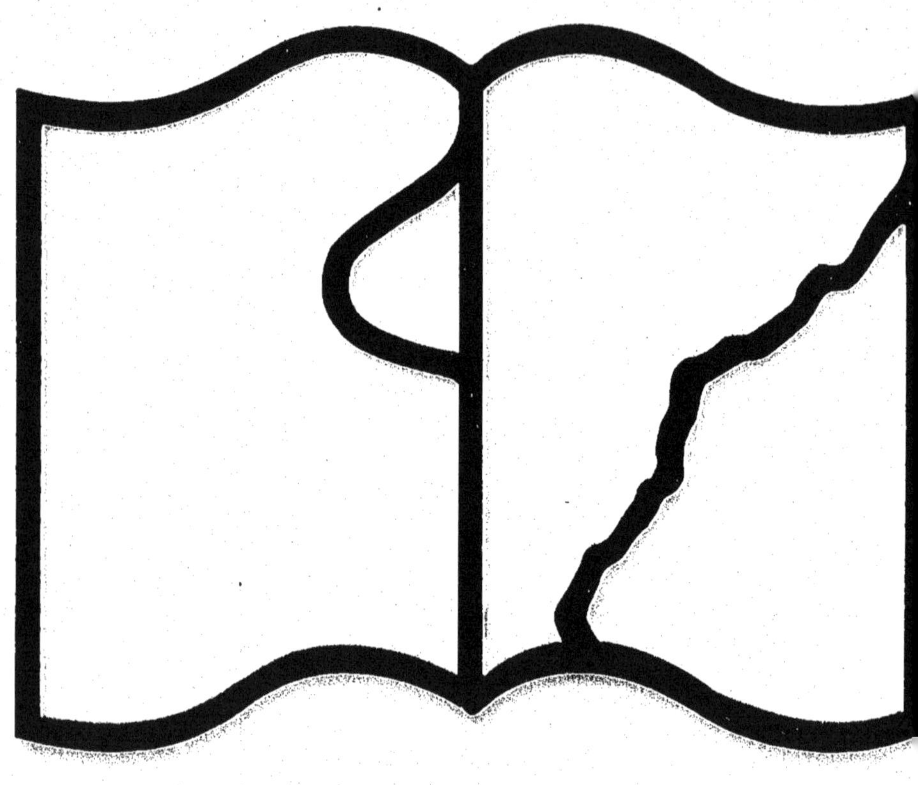

Texte détérioré — reliure défectueuse

NF Z 43-120-11